U0142991

大數據
視覺化篇

謝邦昌　編著

五南圖書出版公司 印行

自　序

　　數據視覺化（Data Visualization）在現今的大數據分析中扮演著十分重要的角色；尤其在商業及工業品管及市場分析應用上十分重要，各式各樣的報表、財務狀況、市占率、品管圖、製程圖……大多是由許多圖形及表格整合而成。網路上分析報表可包含網站流量、訪客來源、訪客地區、蒐尋關鍵字、點擊區域等數據；電商可以分析產品銷售量、營業額、毛利、營收等數據；社群網路可以描述貼文觸及數、社群活躍度、客戶產品評比；這些分析如用數據視覺化來呈現是又方便又容易理解；而非一大堆的公式及報表。

　　本書乃希望從簡單易懂的開放軟體來介紹數據視覺化（Data Visualization），使得讀者輕而易舉就可以掌握大數據視覺化分析，將各種複雜難解的數據訊息用簡單、優雅的圖表來呈現，可從氣候變遷或政治議題、一直到流行音樂的重要趨勢，並從複雜的數據之中得到一些精彩的結論，並藉由這些圖表，找出意想不到的新見解。在統計領域多年，真的要有無比的熱情，要不斷將生活中的各個面向轉為動力。感謝曾經指導過的學生，給予我的許多意見及回饋，也謝謝在寫書的過程中，各位統計界先進的指教及幫助，希望各位讀者能從這本書中，領會到大數據視覺化的精髓！

謝邦昌 敬上

2016/01/19 於 北醫

目　錄

第 4 章　R之視覺化技術　㑩 47

第 5 章　視覺化網站　 ⊂੪ 89

第 6 章　R與JavaScript結合構建分類模型案例
✆ 157

前　言

　　現今存在著大量的數據與資料，如何從這群雜亂的數據裡找出清楚且可用的資料，以解決我們的問題，是現在的一大趨勢，數據視覺化便是更進一步的把資料清楚呈現出來，以便人們一目了然資料所要帶給觀眾的訊息，將資料化為圖表、圖型或是更為精妙的3D動畫圖等等，都是資料視覺化的呈現方式。

　　而現今網路上也有許多資料視覺化的相關網站可供人們使用，資料視覺化的方法五花八門，但並不代表一定要將這些資料以絢麗複雜的方式呈現，應當以清楚明瞭與美觀同時兼備，然而許多設計者通常無法拿捏好設計與功能之間的平衡，那便會造成數據無法清楚地傳遞訊息給人們。

　　數據可視化與訊息圖形、信息可視化、科學可視化以及統計圖形密切相關。當前，在研究、教學和開發領域，資料視覺化乃是一個極為活躍而又關鍵的方面。「數據可視化」這句術語實現了成熟的科學可視化領域與較年輕的訊息可視化領域的統一。

　　數據可視化大概可以區分為兩個主要組成部分，統計圖型與主題圖；主題圖例如：思維導圖、新聞、數據、網站的顯示……等等，而數據可視化的成功應歸於其背後基本思想的完備性：依據數據及其內在模式和關係，利用電腦生成的圖像來獲得深入認識和知識。利用人類感覺系統的廣闊來操縱和解釋錯綜複雜的過程、涉及不同學科領域的數據集以及來源多樣的大型抽象數據集合的模擬。這些思想和概念極其重要，對於電腦科學與工程學以及管理活動都有著精深而又廣泛的影響。

第 1 章

視覺化概論

🔍 1-1　何謂視覺化

1-1.1　視覺化介紹

　　視覺化主要旨在藉助於圖形化手段，清晰有效地傳達與溝通訊息。但是，這並不就意味著，視覺化就一定因為要實現其功能用途而令人感到枯燥乏味，或者是為了看上去絢麗多彩而顯得極端複雜。為了有效地傳達思想概念，美學形式與功能需要齊頭並進，透過直觀地傳達關鍵的方面與特徵，從而實現對於相當稀疏而又複雜的數據集的深入洞察。然而，設計人員往往並不能很好地把握設計與功能之間的平衡，從而創造出華而不實的視覺化形式，無法達到其主要目的，也就是傳達與溝通訊息。

　　視覺化與訊息圖形、訊息視覺化、科學視覺化以及統計圖形密切相關。當前，在研究、教學和開發領域，視覺化乃是一個極為活躍而又關鍵的方面。「視覺化」這句術語實現了成熟的科學視覺化領域與較年輕的訊息視覺化領域的統一。

1-1.2　視覺化的歷史

　　視覺化領域的起源可以追溯到二十世紀50年代計算機圖形學的早期。當時，人們利用計算機創建出了首批圖形圖表。1987年，由布魯斯·麥考梅克、托馬斯·德房蒂和瑪克辛·布朗所編寫的美國國家科學基金會報告《Visualization in Scientific Computing》（意為「科學計算之中的視覺化」），對於這一領域產生了大幅度的促進和刺激。這份報告之中強調了新的基於計算機的視覺化技術方法的必要性。隨著計算機運算能力的迅速提升，人們建立了規模越來越大，複雜程度越來越高的數值模型，從而造就了形形色色體積龐大的數值型數據集。同時，人們不但利用醫學掃描儀和顯微鏡之類的數據採集設備產生大型的數據集，而且還利用可以保存文本、數值和多媒體訊息的大型資料庫來蒐集數據。因而，就需要高級的計算機圖形學技術與方法來處理和視覺化這些規模龐大的數據集。

短語「Visualization in Scientific Computing」（意爲「科學計算之中的視覺化」）後來變成了「Scientific Visualization」（即「科學視覺化」），而前者最初指的是作爲科學計算之組成部分的視覺化；也就是科學與工程實踐當中對於計算機建模和模擬的運用。更近一些的時候，視覺化也日益尤爲關注數據，包括那些來自商業、財務、行政管理、數字媒體等方面的大型異質性數據集合。二十世紀90年代初期，人們發起了一個新的，稱爲「訊息視覺化」的研究領域，旨在爲許多應用領域之中對於抽象的異質性數據集的分析工作提供支持。因此，目前人們正在逐漸接受這個同時涵蓋科學視覺化與訊息視覺化領域的新生術語「化」。

自那時起，視覺化就是一個處於不斷演變之中的概念，其邊界在不斷地擴大；因而，最好是對其加以廣泛的定義。視覺化指的是技術上較爲高級的技術方法，而這些技術方法允許利用圖形、圖像處理、計算機視覺以及用戶介面，透過表達、建模以及對立體、表面、屬性以及動畫的顯示，對數據加以視覺化解釋。與立體建模之類的特殊技術方法相比，視覺化所涵蓋的技術方法要廣泛得多。

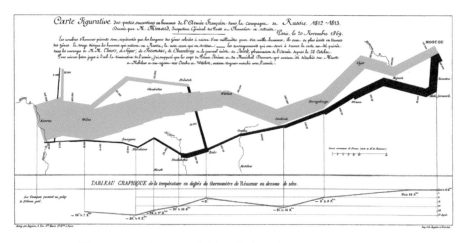

圖1-1.2.1　法國工程師繪製的拿破崙入侵俄羅斯訊息圖

1-2　視覺化的應用範圍與應用領域

1-2.1　視覺化的應用範圍

關於視覺化的適用範圍，目前存在著不同的劃分方法。一個常見的關注焦點就是訊息的呈現。例如，麥可・弗蘭德利（2008）提出了視覺化的兩個主要的組成部分：統計圖形和主題圖。另外，《*Data Visualization: Modern Approaches*》視覺化：現代方法2007，一文則概括闡述了視覺化的下列主題七大主題：思維導圖、新聞的顯示、數據的顯示、連接的顯示、網站的顯示、文章與資源、工具與服務。

視覺化的成功應歸於其背後基本思想的完備性；依據數據及其內在模式和關係，利用計算機生成的圖像來獲得深入認識和知識。其第二個前提就是利用人類感覺系統的廣闊帶寬來操縱和解釋錯綜複雜的過程、涉及不同學科領域的數據集以及來源多樣的大型抽象數據集合的模擬。這些思想和概念極其重要，對於計算科學與工程方法學以及管理活動都有著精深而又廣泛的影響。《*Data Visualization: The State of the Art*》「視覺化：尖端技術水平」一書當中重點強調了各種應用領域與它們各自所特有的問題求解視覺化技術方法之間的相互作用。

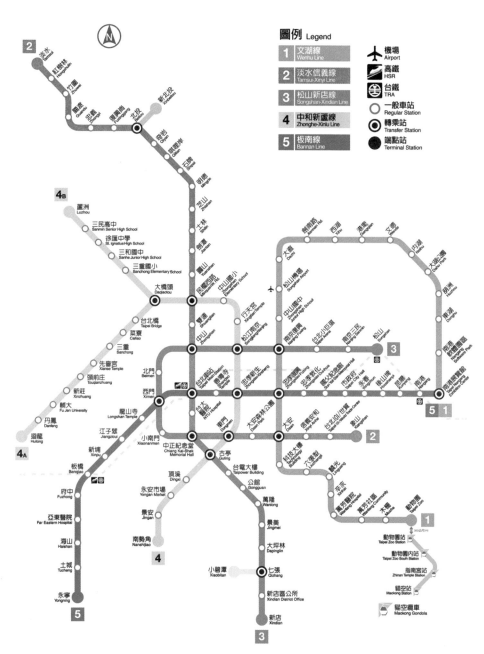

圖1-2.1.1　台北捷運路線圖就是所謂的連接的顯示

1-2.2　視覺化的應用領域

1. 訊息視覺化應用的分類

馬利蘭大學教授本・施奈德曼（Ben Shneiderman）把數據分成以下七類：一維數據（1-D）、二維數據（2-D）、三維數據（3-D）、多維數據（Multidimensiona1）、時態數據（Tempora）、層次數據（Tree）、和網路數據（Network）。訊息視覺化方法根據不同的數據也可劃分為以下七類：

(1)一維訊息視覺化

一維訊息是簡單的線性訊息，如文本，或者一列數字。最通常的一維訊息可能就是文本文獻了。在很多情況下，視覺化文本文獻不是必要的，因為它們可以容易地被完整閱讀，或者閱讀所需要的特定部分。然而，在某些情況下，我們需要藉助視覺化技術增加文本訊息的有效性。

(2)二維訊息視覺化

在訊息視覺化環境中，二維訊息是指包括兩個主要屬性的訊息。寬度和高度可以描述事物的大小，事物在X軸和Y軸的位置表示了它在空間的定位。城市地圖和建築平面圖都屬於二維訊息視覺化。

(3)三維訊息視覺化

三維訊息透過引入體積的概念超越了二維訊息。許多科學計算視覺化都是三維訊息視覺化，因為科學計算視覺化的主要目的就是表示現實的三維物體。電腦模型可以讓科學家模擬試驗、操作那些現實世界中代價昂貴、實施困難、非常危險或者是現實世界中不可能進行的事情。

(4)多維訊息視覺化

多維訊息是指在訊息視覺化環境中的那些具有超過三個屬性的訊息，在視覺化中，這些屬性的重要性是相當重要的。

(5)時間序列訊息視覺化

有些訊息自身具有時間屬性，可以稱為時間序列訊息。比如，一部小說或者新聞就可以有時間線。學者Liddy建立了一個從文本訊息中抽取時間訊息的系統SHESS。該系統自動生成一個知識庫，這個知識庫聚集了關於任何已命名的實體（人、方位、事件、組織、公司或者思想觀念）的訊息，並且按照時間序列組織這些知識，這個時間序列覆蓋了知識庫的整個週期。

(6)層次訊息視覺化

抽象訊息之間的一種最普遍關係就是層次關係，如磁碟目錄結構、文檔管理、圖書分類等。傳統的描述層次訊息的方法就是將其組織成一個類似於樹的節點連接表示。這種表示結構簡單直觀，但是，對於大型的層次結構而言，樹形結構的分支很快就會擁擠交織在一起，變得混亂不堪，這主要是因為層次結構在橫向（每層節點的個數）和縱向（層次結構的層數）擴展得不成比例造成的。

(7)網路訊息視覺化

目前，Web的訊息不計其數，這些訊息分布在遍及世界各地的數以萬計的網站上，網站透過文檔之間的超鏈接彼此交織在一起。不論Web現在的規模有多大，它還將繼續膨脹。

2. 數字圖書館視覺化

自美國科學家90年代初提出了數字圖書館概念後，以驅動多媒體海量數字訊息組織與網路應用問題各方面研究的技術領域開始在全球迅速發展起來。將訊息視覺化技術引入到數字圖書館領域，解決訊息需求與服務的個性化，訊息提供的個性化等問題，可以透過訊息視覺化嘗試解決發展問題。這一領域主要關於訊息檢索過程視覺化和訊息結果視覺化。用戶作為訊息使用者的同時也是訊息構建者，透過增加檢索路徑到訊息空間，這些增加的路徑給其他用戶檢索其他路徑提供了有價值的訊息。

1-3　視覺化的兩大種類

1-3.1　訊息視覺化與科學視覺化

　　科學視覺化是空間數據場的視覺化。它是人們爲了在計算過程、數據處理流程中了解數據的變化情況，透過圖形、圖像、圖表以及其他視覺化手段來檢查、分析處理結果數據的過程。在科學視覺化中，顯示的對象涉及標量、矢量及張量等不同類別的空間數據，研究的重點放在如何眞實、快速地顯示三維數據場。訊息視覺化則是指非空間（非結構）數據的視覺化，它主要是用圖像來顯示多維的非空間訊息，使用戶加深對訊息含義的理解，同時利用圖像的形象直觀性來指引檢索過程，加快檢索速度。在訊息視覺化中，顯示的對象主要是多維的標量數據，其研究重點在於：設計和選擇什麼樣的顯示方式才能便於用戶了解龐大的多維數據及它們相互之間的關係，這其中更多地涉及心理學知識、人機交互技術等問題。從圖形生成的角度來看，訊息視覺化難度要小於科學計算視覺化。但是，從心理學和人機交互的角度來說，它是一個還未曾進行過充分研究的新領域。

　　現在將科學視覺化與訊息視覺化的具體區別總結，如下表：

表1-3.1.1　科學視覺化與訊息視覺化的差異比較

	科學視覺化	訊息視覺化
目標任務	深入理解自然界中實際存在的科學現象	搜索、發現訊息之間的關係和訊息中隱藏的模式
數據來源	計算和工作測量中的數據	大型資料庫中的數據
數據類型	具有物理、幾何屬性的結構化數據、模擬數據等	非結構化數據、各種沒有幾何屬性的抽象數據
處理過程	數據預處理─映射（構模）─繪製和顯示	訊息獲取─知識訊息多維顯示─知識訊息分析與挖掘
研究重點	如何將具有幾何屬性的科學數據真實地表現在電腦螢幕上，它主要涉及電腦圖形圖像等問題題，圖形質量是其核心問題	如何繪製所關注對象的視覺化屬性等問題，更重要的問題是是把非空間抽象訊息對應為有效的視覺化形式，尋找合適的視覺化隱喻。
主要的應用方法	線狀圖、直方圖、等直線（面）、繪製技術	幾何技術、基於圖標的技術、密集象素的、分級技術等
面對的用戶	高層次的、訓練有素的專家	非技術人員、普通用戶
應用領域	醫學、地質、氣象、流體力學等	訊息管理、商業，金融等

## 第 2 章

視覺化在大數據的應用

2-1　大數據的介紹

2-1.1　涵義

大數據（Big data），或稱巨量資料、海量資料、大資料，指出所處理的資料量結構規模皆龐大至無法透過人工的方式，在短時間內無法被存取、管理、分析、並整理成能解讀的形式資訊。

大數據的特性方面，在一份2001年的研究，麥塔集團的道格・萊尼（Doug Laney）指出資料增長的挑戰和機會有三個方向：量（Volume）、速度（Velocity）、多變（Variety），合稱3V，也就是資料量的大小、輸出輸入的快慢、以及資料的結構多樣性，使得資訊產業需要新型的方式去促成更強而有力的決策能力、洞悉力與最佳處理。

2-1.2　應用廣度

大資料的應用包括RFID（無線射頻辨識系統）、感測裝置網路、天文學、大氣學、基因組學、生物學、大社會資料分析、網際網路檔案處理、製作網際網路搜尋引擎索引、通訊記錄明細、社群網路、通勤時間預測、醫療記錄、相片圖像和影像封存、大規模的電子商務等。

2-1.3　應用範例

＊巨大科學

像是大型強子對撞機中有1億5,000萬個感測器，每秒傳送4,000萬次的資料。實驗中每秒產生將近6億次的對撞，在過濾去除99.999%的撞擊資料後，得到約100次的有用撞擊資料。

將撞擊結果資料過濾處理後，僅記錄了0.001%的有用資料，全部四個對撞機的資料量複製前每年產生25PB，複製後為200PB。

＊衛生學

國際衛生學教授漢斯・羅斯林使用「Trendalyzer」工具軟體呈現兩百多年以來全球人類的人口統計資料，跟其他資料交叉比對，例如收入、宗教、能源使用量等。

＊公共部門

目前，已開發國家的政府部門開始推廣大數據的應用。2012年歐巴馬政府投資近2億美元開始推行《大數據的研究與發展計劃》，本計劃涉及美國國防部、美國衛生與公共服務部門等多個聯邦部門和機構，意在透過提高從大型複雜的的資料中提取知識的能力，進而加快科學和工程的開發，保障國家安全。

＊民間部門

1. Amazon.com，在2005年的時點，這間公司是世界上最大的以LINUX為基礎的三大資料庫之一。

2. 威名百貨可以在1小時內處理百萬以上顧客的消費處理。相當於美國議會圖書館所藏的書籍之167倍的情報量。

3. Facebook，處理500億張的使用者相片。

4. 全世界商業資料的數量，統計全部的企業全體、推計每1.2年會倍增。

5. 西雅圖文德米爾不動產分析約1億匿名GPS信號，提供購入新房子的客戶從該地點使用交通工具（汽車、腳踏車等）至公司等地的通勤時間估計值。

6. 軟體銀行，每個月約處理10億件（2014年3月現在）的手機LOG情報，並用其改善手機訊號的訊號強度。

＊社會學

大數據產生的背景離不開臉書、微博等社群網路的興起，人們每天透過這種自媒體傳播資訊或者溝通交流，由此產生的資訊被網路記錄下來，社會學家可以在這些資料的基礎上分析人類的行為模式、交往方式等。美國的途爾干計劃就是依據個人在社群網路上的資料分析其自殺傾向，該計劃從美軍退役士兵中揀選受試者，透過臉書的行動App蒐集資料，並將使用者的活動資料傳送到一個醫療資料庫。蒐集完成的資料會接受人工智慧系統分析，接著利用預測程式來即時監視受測者是否出現一般認為具傷害性的行為。

＊市場

大資料的出現提升了對資訊管理專家的需求，Software AG、甲骨文、IBM、微軟、SAP、易安信（EMC）、惠普和戴爾已在多間資料管理分析專門公司上花費超過150億美元。在2010年，資料管理分析產業市值超過1,000億美元，並以每年將近10%的速度成長，是整個軟體產業成長速度的兩倍。

經濟的開發成長促進了密集資料科技的使用。全世界共有約46億的行動電話用戶，並有10至20億人連結網際網路。自1990年起至2005年間，全世界有超過10億人進入中產階級，收入的增加造成了識字率的提升，更進而帶動資訊量的成長。全世界透過電信網路交換資訊的容量在1986年為281兆億位元組（PB），1993年為471兆位元組，2000年時增長為2.2艾位元組（EB），在2007年則為65艾位元組。根據預測，在2020年網際網路每年的資訊流量將會達到44ZB。

2-2 視覺化的介紹

2-2.1 概述

數據可視化是關於數據之視覺表現形式的研究；其中，這種數據的視覺表現形式被定義為一種以某種概要形式抽提出來的訊息，包括相應訊息單位的各種屬性和變量。

數據可視化主要旨在藉助於圖形化手段，清晰有效地傳達與溝通訊息。但是，這並不就意味著，數據可視化就一定因為要實現其功能用途而令人感到枯燥乏味，或者是為了看上去絢麗多彩而顯得極端複雜。為了有效地傳達思想概念，美學形式與功能需要齊頭並進，透過直觀地傳達關鍵的方面與特徵，從而實現對於相當稀疏而又複雜的數據集的深入洞察。然而，設計人員往往並不能很好地把握設計與功能之間的平衡，從而創造出華而不實的數據可視化形式，無法達到其主要目的，也就是傳達與溝通訊息。

　　數據可視化與訊息圖形、訊息可視化、科學可視化以及統計圖形密切相關。當前，在研究、教學和開發領域，數據可視化乃是一個極為活躍而又關鍵的方面。「數據可視化」這條術語實現了成熟的科學可視化領域與較年輕的訊息可視化領域的統一。

2-2.2　視覺化的應用範圍

　　關於數據可視化的適用範圍，目前存在著不同的劃分方法。一個常見的關注焦點就是訊息的呈現。例如，麥可‧弗蘭德利（2008）提出了數據可視化的兩個主要的組成部分：統計圖形和主題圖。另外，《*Data Visualization: Modern Approaches*》（意為「數據可視化：現代方法」，2007）一文則概括闡述了數據可視化的下列主題：

- 思維導圖
- 新聞的顯示
- 數據的顯示
- 連接的顯示
- 網站的顯示
- 文章與資源
- 工具與服務

　　另一方面，Frits H. Post（2002）則從計算機科學的視角，將這一領域劃分為如下多個子領域：

- 可視化算法與技術方法
- 立體可視化
- 訊息可視化
- 多解析度方法
- 建模技術方法
- 交互技術方法與體系架構

 2-3　視覺化在大數據的應用

2-3.1　概述

　　大數據（Big Data）的熱潮越燒越烈，許多處理資料分析與管理的技術因應而出，迎來了巨量資料的時代，大數據的重要性與日俱增，不少企業如電子商務、零售業及導體製造業等，開始廣泛運用據量資料位公司擬訂企業策，不過並不是人人都是數據專家、資料科學家，如果要讓主管跟客戶們清楚了解資料背後的意義，那不如讓他們一目了然，也因此資料視覺化（Data Visualization）便應運而生，是關於數據之視覺表現形式的研究，資料視覺化的技術可以幫助不同背景的工程人員溝通、理解，以達良好的設計與分析結果。市面上已經有許多工具、軟體為人們提供這方面的需求，像是Tableau、QlikView 等工具就擁有絕佳的視覺化呈現效果，可以不限資料量、資料形式或主題，透過圖像化和便捷的操作介面製作出客製化報表，無需撰寫程式就能得到分析結果。

2-3.2　目前大數據視覺化的衝擊

　　2015年的現在資料跟過去的資料，資料結構已經不再是小資料集，這使得過去處理小資料的專家們承受資訊的過度氾濫，資料變得繁雜與快速度，使得無法對定義的問題做時效性的分析，很多時候當資料分析完後，資料的價值已經過期了，這樣過慢的分析無法在對的時間點提供有效的決策，也因此視覺化便孕育而生，為的就是將龐雜無序的資料做一個結構性的處理，並用一個簡單的方式，讓我們能有效快速理解大資料。

2-3.3　視覺化的價值

視覺化資訊呈現的方式可以用所知的各種分析軟體，將原本都是文字符號的靜態資料使之變為動態資料，很多時候我們都會用時間來鎖定相關議題做趨勢特徵的判定，這樣就可以使得原本沒有價值的靜態資料變得有價值，而這價值來自於對關鍵時刻的決策有強而有力的幫助。

很多時候在做報告時，沒有內容、數字就沒有意義，所以為了體會這些意義，我們能透過視覺化還有相對性，做一個議題在不同面向的比較，那視覺化又能夠運用顏色去定義相關主題的意義，更加快理解。

更重要的是這能讓各位發現，數字間未被提起的模式與關聯性。

透過資料視覺化，資訊會呈現為圖像，你就能用眼睛尋找蛛絲馬跡，就像某種資訊地圖。

當你被大量資訊迷惑時，這種資訊地圖就能派上用場，找尋隱藏的模式，資料中總是隱藏著有趣且古怪的模式，除了把資料視覺化，不然根本沒辦法發覺。

資料就是種新石油（Data is the new oil），資料就像某種普遍的資源，我們可以使之塑型，以提供我們新思想跟新洞察，這種資源就在我們身邊，非常容易取得。

## 第 3 章

Open Source
在視覺化之角色及技術

3-1　Open Source

　　由於自由軟體經常被誤認為免費軟體，部分人士認為應該重新定義這些為程式設計帶來躍進的「開放程式原始碼」的軟體。於是艾瑞克雷蒙（Eric S. Raymond）和布魯斯佩倫（Bruce Perens）在1998年成立了開放源碼促進會（Open Source Initiative, OSI），並明確定義出開源軟體應有的特性、制定了現行自由／開源軟體常用的各種授權條款。

　　時至今日，自由軟體和開源軟體分別代表著兩種相似卻不同的理念，但許多軟體亦同時符合兩者的標準，所以有人將兩個詞結合在一起，通稱為「自由開源軟體」（Free/Open Source Software, FOSS）。

　　開源軟體是一種原始碼可以任意取用的電腦軟體，這種軟體的版權持有人在軟體協定的規定之下保留一部分權利並允許使用者學習、修改、增進提高這款軟體的品質。開源協定通常符合開放原始碼的定義的要求。一些開源軟體被釋出到公有領域。開源軟體常被公開和合作地開發。開源軟體是開放原始碼開發的最常見的例子，也經常與使用者創作內容做比較。

　　開源軟體同時也是一種軟體散布模式。一般的軟體僅可取得已經過編譯的二進位可執行檔，通常只有軟體的作者或著作權所有者等擁有程式的原始碼。

　　有些軟體的作者只將原始碼公開，卻不符合「開放原始碼」的定義及條件，因為作者可能設定公開原始碼的條件限制，諸如限制可閱讀原始碼的對象、限制衍生產品等，此稱之為公開原始碼的免費軟體（Freeware，例如知名的模擬器軟體MAME），因此公開原始碼的軟體並不一定可稱之為開放原始碼軟體。

3-2　視覺化之角色及技術

　　視覺化是一種非常好的運用，因為人類是視覺動物，其視覺神經系統不善於處理原始資料，但相較於圖形是比較容易閱讀的。視覺化的做法就是將各總類型的數據對應到不同類型的圖形上面去，讓使用者可以快速的獲取訊息。以下是一些基本的圖形元素：

- 座標位置：座標是圖中元素的參照系統，對於連續型變數的視覺化過程最為重要，因為人眼對位置的判斷最為敏銳，所以對於重要的連續變數應先進行位置對應。必要時可增加網格線，以輔助視覺對齊。
- 線條：線條的長度可用於表達連續變數的大小，不同線的類型可以表達分類變數的區別，而線型的粗細可用於表達少數順序變量的不同。
- 尺寸：可用於表現數據值的相對大小及重要程度。例如用圓形的面積對應不同的數據，但要避免使用不規則面積來表現區別。
- 色彩：視覺化系統對色彩判別能力不強，避免使用不同色相來對應順序數據，可以使用同一色系的不同飽和度和明亮度來對應順序數據。
- 形狀：可用於表達分類數據，但過多的分類會顯得雜亂，並沒有太大意義。
- 文字：適合用於圖形中的補充訊息，如圖例、圖名。但應避免使用過於密集的文字。

繪圖需要遵循一些基本的原則，而視覺化也有相應的規則，了解這些規則，才能更好的去理解數據與圖表：

＊需要事先確認視覺化的具體目標

視覺化有兩大類，一類是探索性視覺化，另一類是解釋性視覺化。探索性視覺化的前提是使用者剛拿到數據，並不清楚其中的訊息，希望使用視覺化的技術來探索數據。而解釋性視覺化的前提是使用者已完全清楚數據中的訊息，希望透過視覺化的呈來說故事，將訊息傳達給其他人。前者偏向簡單快速，通常使用原始數據來進行繪圖，後者強調正式而全面，通常包括了建模後的數據結果。

＊根據客戶設計一個精彩的故事

如果是解釋性視覺化，那麼需要根據數據和客戶群體的特點設計一個故事。數據方面需要考慮哪些變數是最重要也最有趣。客戶方面要考慮客戶需要何種類型的訊息，需要的細節程度。最後結合兩方面，才能確認視覺化要傳達什麼樣的訊息，以及用何種方式來呈現。

＊選擇合理的對應方式

數據有很多種類型，離散型數據、連續型數據、類別型數據、順序型數據。圖形元素也有很多種，人眼可以辨識不同的位置、尺寸大小、顏色、形狀、線條粗細長短……等等。選擇對應方式就是選擇數據到圖形的集合關係，因為人腦的視覺系統對不同的圖形元素敏感程度不同，所以對應的選擇是很重要的。

＊結論

視覺化和寫作一樣，使用最少的筆墨，但卻能給出最大的訊息量。所以要重點是的去呈現，凸顯主題，易於解讀。其次是在圖形選擇的設計上，儘量風格簡約，一張圖最好能獨立成文，包含必要的訊息量。

🔍 3-3　Highcharts

3-3.1　簡介

撰寫基礎，只需要複製數據即可生成漂亮且可定製的圖表。雲端服務提供圖表生成、管理、分享等功能。

圖3-3.1.1

圖3-3.1.2

● Highcharts優勢

1. 兼容性

Highcharts支持目前所有的現代瀏覽器，包括IE6＋、iPhone/iPad、Android。Highcharts在標準（W3C標準）瀏覽器中使用SVG技術渲染圖形，在IE瀏覽器中使用VML技術來繪圖。

2. 開源免費

針對個人用戶及非商業用途免費，並提供源代碼下載，你可以任意的修改它。商業用途則需要購買許可，個人及非商業用途須遵循CC BY-NC 3.0協議。

3. 純Javascrip

Highcharts完全基於本地瀏覽器技術，不需要任何插件（例如Flash、java），不需要安裝任何服務器環境或動態語言庫支持，只需要兩個js文件即可運行。

4. 圖表類型豐富

Highcharts目前支持直線圖、曲線圖、面積圖、曲線面積圖、面積範圍圖、曲線面積範圍圖、柱狀圖、柱狀範圍圖、條形圖、餅圖、散點圖、箱線圖、氣泡圖、誤差線圖、漏斗圖、儀表圖、瀑布圖、雷達圖，共18種類型圖表，其中很多圖表可以集成在同一個圖形中形成綜合圖。

5. 動態性

提供豐富的API接口，方便在創建圖表後對圖表的任意點、線和文字等進行增加、刪除和修改操作。支持眾多的Javascript事件，結合jQuery、MooTools、Prototype等javascript框架提供的Ajax接口，可以實時地從服務器取得數據並實時刷新圖表。

6. 多軸支持

對於需要比較的數據，Highcharts提供多軸支持。並且可以針對每個軸設置其位置、文字和樣式等屬性。

7. 動態提示框

當鼠標懸停在圖表上的數據點時，Highcharts會顯示訊息提示框，當然，顯示的內容和樣式可以自己指定和設置。

8. 圖表導出和打印功能

你可以將Highcharts圖表導出為PNG、JPG、PDF和SVG格式文件或直接在網頁上打印出來。

9. 圖表縮放

可以設置圖表的縮放，讓你更方便查看圖表數據。

10. 支持外部數據加載

Highcharts支持多種數據形式，可以是Javascript數組、json文件、json對象和表格數據等，這些數據來源可以是本地、不同頁面，甚至是不同網站。

3-3.2　曲線圖

Highchart提供資料圖形化的服務，只要將資料上傳，即可輕鬆做成你想要的圖表來呈現，第一個要介紹的是曲線圖，曲線圖官方也提供了許多種不同的呈現方式，包括：折線圖、顯示點值的折線圖、時間軸折線圖、軸反轉的曲線圖、帶標示的曲線圖、分辨帶曲線圖、時間不連續的軸曲線圖、對數直線圖。

下圖是以worldclimate的資料，以不同國家地區的月份氣象資料為例。

折线图

由 admin 于 2013-10-08 提交，去论坛提交你的代码？

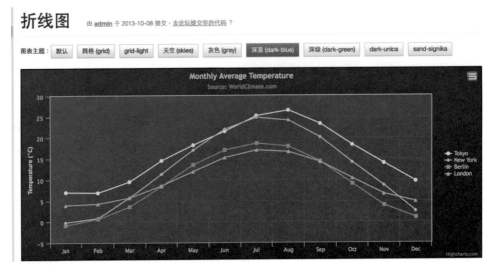

圖3-3.2.1　折線圖

下圖是以美元兌換歐元匯率的變化資料作圖。

时间轴折线图

由 admin 于 2013-10-08 提交，去论坛提交你的代码？

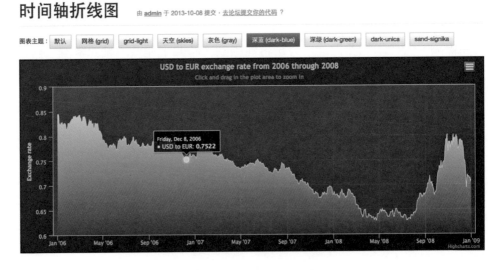

圖3-3.2.2　時間軸折線圖

显示点值的折线图　由 admin 于 2013-10-08 提交，去论坛提交你的代码 ？

图表主题：　默认　网格 (grid)　grid-light　天空 (skies)　灰色 (gray)　深蓝 (dark-blue)　深绿 (dark-green)　dark-unica　sand-signika

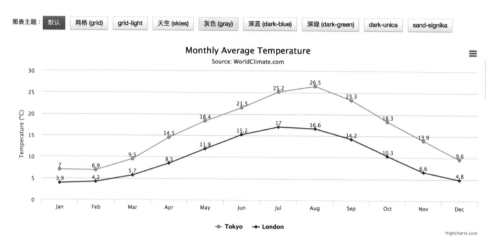

圖3-3.2.3　顯示點值的折線圖

下圖是以海拔與溫度資料作的軸反轉曲線圖：

轴反转的曲线图　由 admin 于 2013-10-08 提交，去论坛提交你的代码 ？

图表主题：　默认　网格 (grid)　grid-light　天空 (skies)　灰色 (gray)　深蓝 (dark-blue)　深绿 (dark-green)　dark-unica　sand-signika

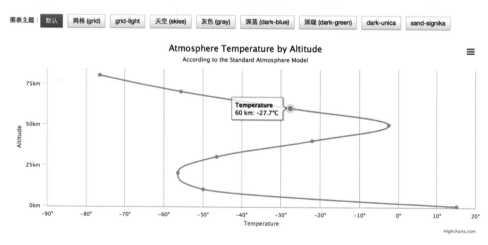

圖3-3.2.4　軸反轉的曲線圖

带标识的曲线图　由 <u>admin</u> 于 2013-10-08 提交，<u>去论坛提交你的代码</u> ？

图表主题： 默认　网格 (grid)　grid-light　天空 (skies)　灰色 (gray)　深蓝 (dark-blue)　深绿 (dark-green)　dark-unica　sand-signika

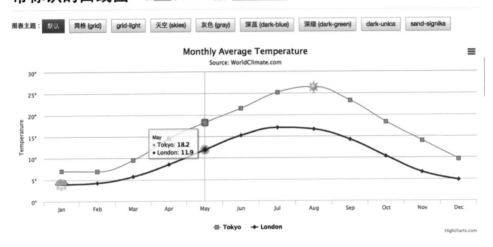

圖3-3.2.5　帶標示的曲線圖

分辨带曲线图　由 <u>admin</u> 于 2013-10-08 提交，<u>去论坛提交你的代码</u> ？

图表主题： 默认　网格 (grid)　grid-light　天空 (skies)　灰色 (gray)　深蓝 (dark-blue)　深绿 (dark-green)　dark-unica　sand-signika

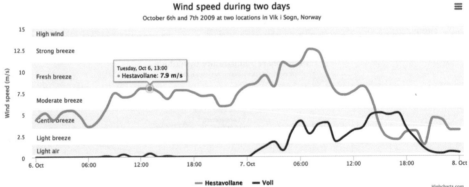

圖3-3.2.6　分辨帶曲線圖

时间不连续的轴曲线图

由 **admin** 于 2013-10-08 提交，<u>去论坛提交你的代码</u> ？

图表主题： 默认 ｜ 网格 (grid) ｜ grid-light ｜ 天空 (skies) ｜ 灰色 (gray) ｜ 深蓝 (dark-blue) ｜ 深绿 (dark-green) ｜ dark-unica ｜ sand-signika

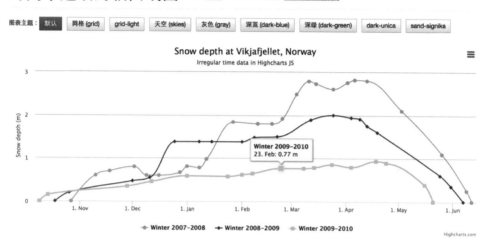

圖3-3.2.7　時間不連續的軸曲線圖

对数直线图

由 **admin** 于 2013-10-08 提交，<u>去论坛提交你的代码</u> ？

图表主题： 默认 ｜ 网格 (grid) ｜ grid-light ｜ 天空 (skies) ｜ 灰色 (gray) ｜ 深蓝 (dark-blue) ｜ 深绿 (dark-green) ｜ dark-unica ｜ sand-signika

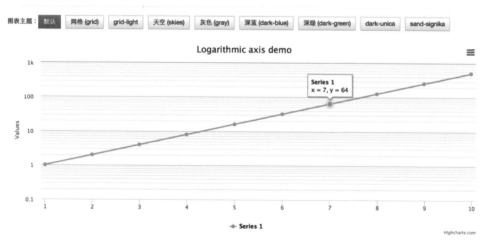

圖3-3.2.8　對數直線圖

3-3.3　區域圖

　　第二個要介紹的是區域圖，區域圖官方一樣也提供了許多種不同的呈現方式，包括：區域圖、包含負數的區域圖、堆積面積圖、百分比堆積面積圖、斷裂的區域圖、軸反轉的區域圖、曲線區域圖、區域範圍圖。

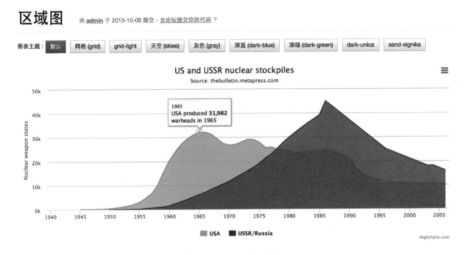

圖3-3.3.1　區域圖

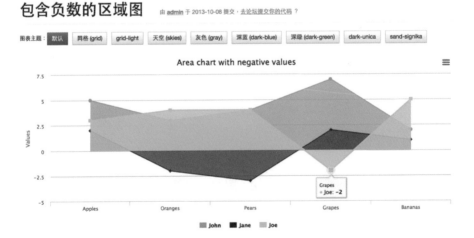

圖3-3.3.2　包含負數的區域圖

堆栈面积图

由 admin 于 2013-10-08 提交，去论坛提交你的代码 ？

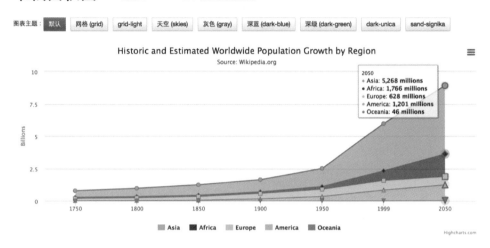

圖3-3.3.3　堆積面積圖

百分比堆栈面积图

由 admin 于 2013-10-08 提交，去论坛提交你的代码 ？

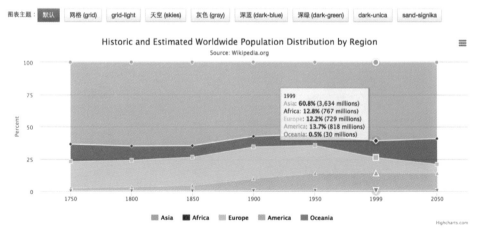

圖3-3.3.4　百分比堆積面積圖

断裂的区域图 由 admin 于 2013-10-08 提交，去论坛提交你的代码？

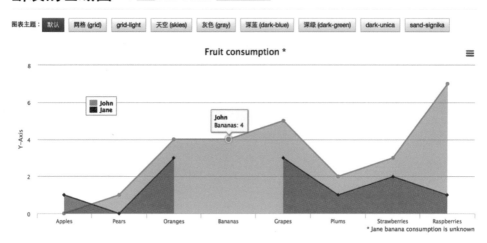

圖3-3.3.5　斷裂的區域圖

轴反转的区域图 由 admin 于 2013-10-08 提交，去论坛提交你的代码？

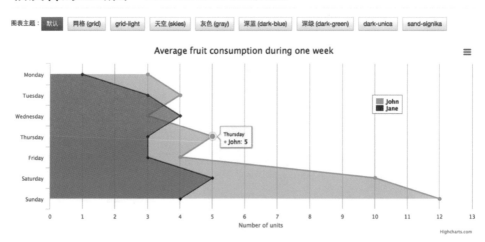

圖3-3.3.6　軸反轉的區域圖

曲线区域图

由 admin 于 2013-10-08 提交，去论坛提交你的代码 ？

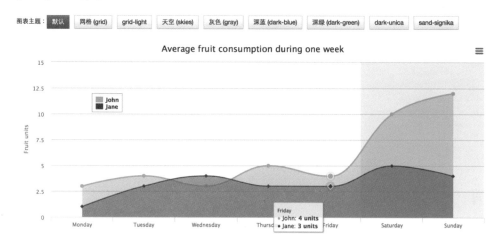

圖3-3.3.7 曲線區域圖

区域范围图

由 admin 于 2013-10-08提交，去论坛提交你的代码 ？
提示：本例需要额外的highcharts-more.js文件，完整代码查看在线测试

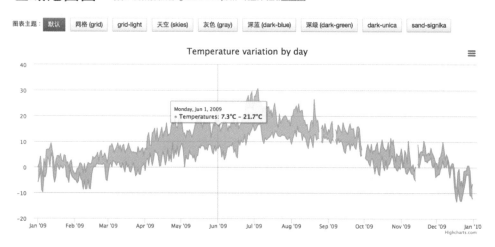

圖3-3.3.8 區域範圍圖

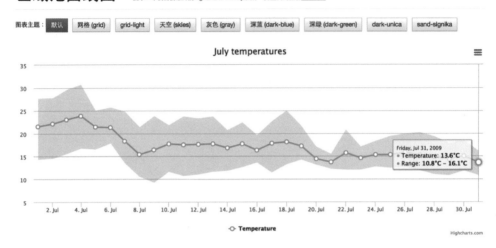

圖3-3.3.9　　區域範圍線圖

3-3.4　3D圖

　　第三個要介紹的是3D立體圖，官方提供了許多種不同的呈現方式，包括：3D柱狀圖、包含空值的3D柱狀圖、分組堆疊3D圖、3D餅圖、3D雙餅圖、可調整視角的 3D散點圖。

3D柱状图

由 admin 于 2014-05-23 提交，去论坛提交你的代码 ？

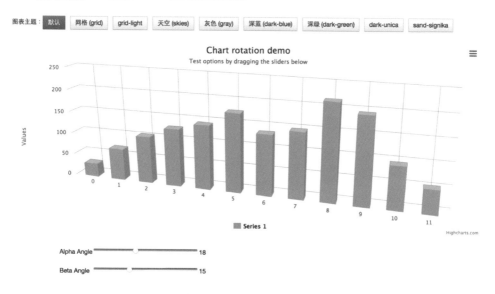

圖3-3.4.1　3D柱狀圖

包含空值的3D柱状图

由 admin 于 2014-05-23 提交，去论坛提交你的代码 ？

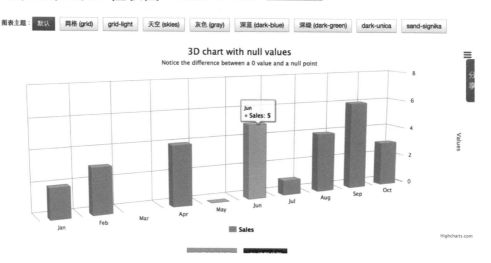

圖3-3.4.2　包含空值的3D柱狀圖

分组堆叠**3D**图　由 <u>admin</u> 于 2014-05-23 提交，<u>去论坛提交你的代码</u>？

图表主题：默认　网格 (grid)　grid-light　天空 (skies)　灰色 (gray)　深蓝 (dark-blue)　深绿 (dark-green)　dark-unica　sand-signika

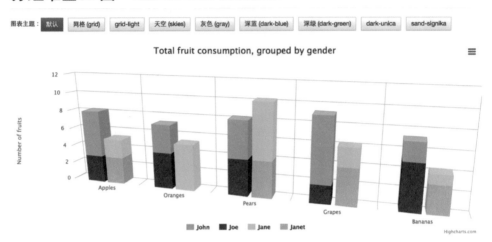

圖3-3.4.3　分組堆疊3D圖

3D饼图　由 <u>admin</u> 于 2014-05-23 提交，<u>去论坛提交你的代码</u>？

图表主题：默认　网格 (grid)　grid-light　天空 (skies)　灰色 (gray)　深蓝 (dark-blue)　深绿 (dark-green)　dark-unica　sand-signika

圖3-3.4.4　3D餅圖

3D双饼图

由 admin 于 2014-05-23 提交，去论坛提交你的代码 ?

图表主题：默认　网格 (grid)　grid-light　天空 (skies)　灰色 (gray)　深蓝 (dark-blue)　深绿 (dark-green)　dark-unica　sand-signika

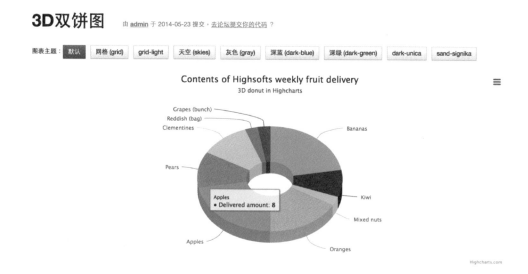

圖3-3.4.5　3D雙餅圖

可调整视角的3D散点图

由 admin 于 2014-05-23 提交，去论坛提交你的代码 ?

图表主题：默认　网格 (grid)　grid-light　天空 (skies)　灰色 (gray)　深蓝 (dark-blue)　深绿 (dark-green)　dark-unica　sand-signika

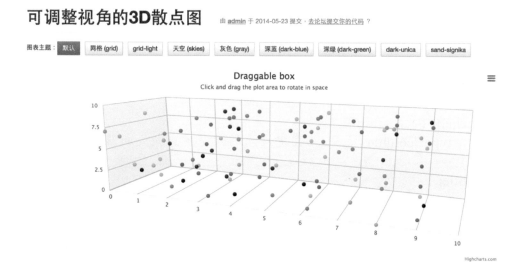

圖3-3.4.6　可調整視角的 3D散點圖

3-3.5　簡易入門教學

新建一個Html文件，將Highcharts引入到你的頁面後，透過兩個步驟，我們就可以創建一個簡單的圖表了。

1. 創建div容器

在頁面的body 部分創建一個div，並指定div 的id、高度和寬度，代碼如下：

```
<div id="container" style="min-width:800px;height:
```

2. 編寫Highcharts代碼

編寫Highcharts必須的代碼，用<script></script>包裹，代碼可以放在頁面的任意地方，一個最簡單的圖表實例代碼如下：

```
$(function () {
  $('#container').highcharts({          //圖表展示容器，與div的id保持一致
    chart: {
      type: 'column'           //指定圖表的類型，默認是折線圖（line）
    },
    title: {
      text: 'My first Highcharts chart'     //指定圖表標題
    },
    xAxis: {
      categories: ['my', 'first', 'chart']   //指定x軸分組
    },
    yAxis: {
      title: {
        text: 'something'              //指定y軸的標題
```

```
      }
    },
  series: [{                     //指定數據列
    name: 'Jane',                //數據列名
    data: [1, 0, 4]              //數據
  }, {
    name: 'John',
    data: [5, 7, 3]
  }]
  });
});
```

完成上述兩個步驟後，保存文件並用瀏覽器打開，運行結果如下圖所示：

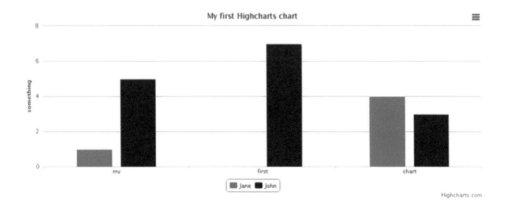

圖3-3.5.1

● 如何學習Highcharts

Highcharts的配置（或者說Highcharts代碼）是一個json字符串，類似於 {chart:{type:"spline"}}，json具有易於人閱讀和編寫的特點，所以學習和開發 Highcharts並不難，只是熟悉API程度的問題。所以本教程的重點是帶大家熟 悉API文檔加一點點處理技巧，更多的是靠大家花時間學習和實踐。

● 準備知識

熟悉Html、jQuery、Json、Ajax等前端知識，至少會一種後台語言，例如 Php、Java、Asp等（Highcharts只是做數據展現，具體的數據來源必須透過動 態語言）。

● 幾點建議

任何東西的掌握必須透過自我實踐，多看API，Highcharts提供的API文 檔非常完善，幾乎所有的問題都可以在API找到解決辦法。

🔍 3-4　百度預測

3-4.1　簡介

百度預測提供了許多面向的服務，如熱門項目，社會大眾所關心的趨 勢，經濟指數預測、景點預測、疾病預測、城市預測、歐洲賽事預測、世界 盃預測、高考預測、電影預測、預測開放平台……等等。

圖3-4.1.1　百度官方首頁圖

3-4.2　官方預測範例

在此以世界盃足球賽事為例，預測的項目有賽事預測、冠軍預測、黑馬預測。其中每項又包含許多細項的資訊與預測，如下圖：

圖3-4.2.1　淘汰賽圖

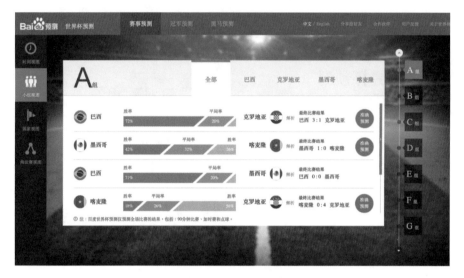

圖3-4.2.2　小組圖

也有以中國大陸高考的預測為例,如下圖:

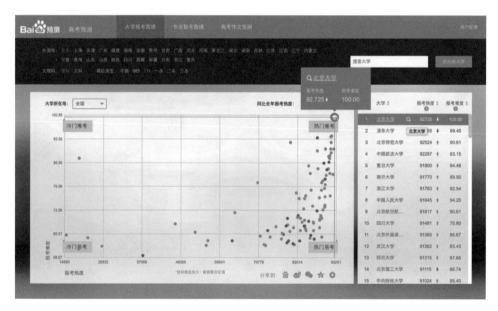

圖3-4.2.3　高考預測圖

有了百度預測，就可以讓考生對於整體考試環境有更深的了解，方便擬定更好的考試策略，可以選擇地區、考試類型等等資訊來看不同的資訊頁面。

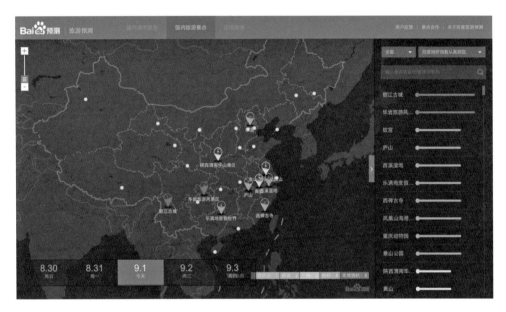

圖3-4.2.4　中國旅遊景點圖

另外，從百度旅遊景點預測來看，可以給正要規劃旅行的旅客資訊，得知哪些景點在哪個日期，是否有人潮擁擠的狀況等等。

3-4.3　大數據預測引擎

如果官方主要提供的預測並不符合個人的需求，也可以利用下面這個平台，尋求適合自己的主題資料來得到自己想要的預測，此平台需要註冊帳號才能夠使用，有興趣的讀者不妨自己試試看！

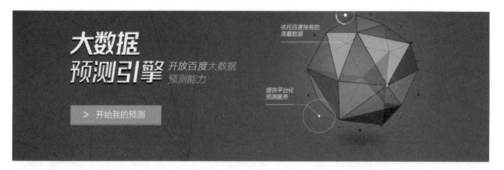

產品優勢

海量數據分析

超大規模計算能力

智能預測算法

圖3-4.3.1 大數據預測引擎

第 **4** 章

R之視覺化技術

4-1 圖形文法繪圖

4-1.1 ggplot2入門

　　ggplot2的使用流程和視覺化的基本原則完全一致，視覺化就是一種映射（Mapping），從數學空間對應到圖形空間，我們先使用ggplot的函數來建構基本圖像，你可以想像它是一張白色的畫布，在畫布上我們必須先定義數據，以及數據變數到圖形屬性中的映射，此範例我們用到mpg的數據，將變數cty投射在x軸上，將hwy投射在y軸上。

```
library (ggplot2)
p<-ggplot(data=mpg,mapping=aes(x=cty,y=hwy))
```

　　只有畫布是不夠的，當然我們還是要定義資料如何呈現在畫布上，geom代表我們可以如何呈現在畫布中，此範例我們用到point，表示以點的方式作呈現，如圖4-1.1.1所展示。

```
p+geom_point()
```

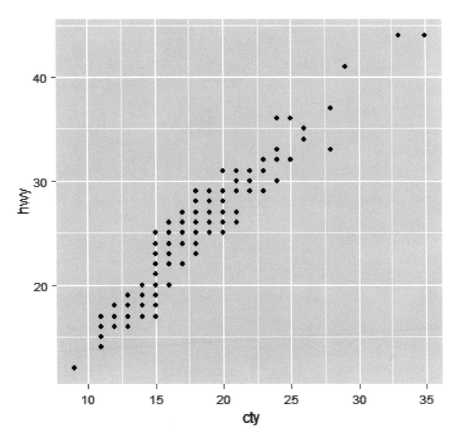

圖4-1.1.1　ggplot2散布圖

當然我們也可以增加其他的變數做映射，比如說將mpg中的year作為顏色的映射，在此範例中使用到factor()函數將year轉成因子再繪製圖形，如圖4-1.1.2所展示。

```
p<-ggplot(data=mpg,mapping=aes(x=cty,y=hwy,colour=factor(year)))
p+geom_point()
```

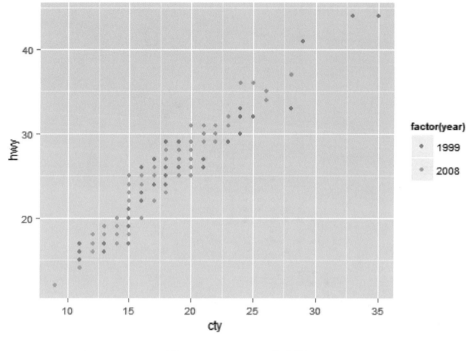

圖4-1.1.2　ggplot散布圖

當然也可以將以點呈現的方式改成平滑曲線，如圖4-1.1.3所展示。

```
p<-ggplot(data=mpg,mapping=aes(x=cty,y=hwy,colour=factor(year)))
p+stat_smooth()
```

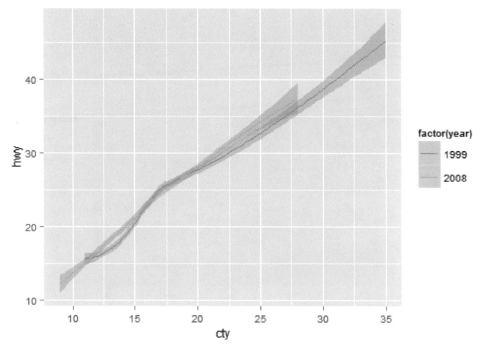

圖4-1.1.3 ggplot平滑曲線圖

當然也可以將點以及平滑曲線同時呈現，如圖4-1.1.4所展示。

```
p<-ggplot(data=mpg,mapping=aes(x=cty,y=hwy))
p+geom_point(aes(colour=factor(year)))+stat_smooth()
```

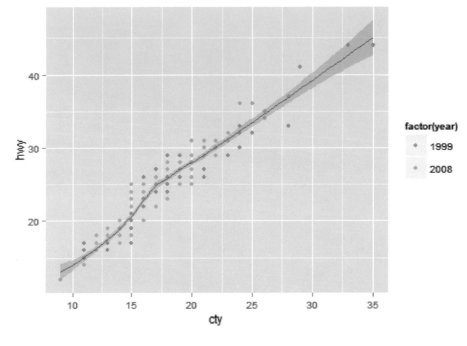

圖4-1.1.4　ggplot平滑曲線圖

4-1.2　分布的特性

　　在探索資料過程中，不管數據有多麼龐大，最基本的手段就是去看它資料的分布，我們可以採取最簡單的方式，也就是直方去看呈現，在此我們所使用到iris數據中的Sepal.Length的變數做呈現。這當作所使用到的函數binwidth為參數用來設置的間距，fill為參數的填充顏色，colour為框框的顏色，theme_bw()用來設置黑白主題，如圖4-1.2.1所展現。

```
p<-ggplot(iris,aes(x=Sepal.Length))+
 geom_histogram(binwidth=0.1,fill='skyblue',
 colour='black')+theme_bw()
print(p)
```

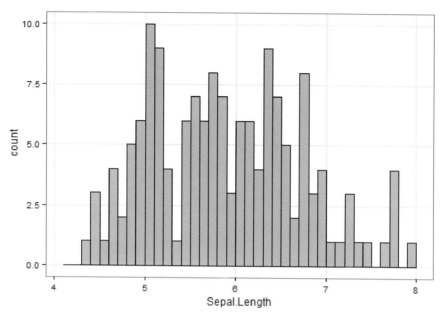

圖4-1.2.1　直方圖

　　當然看資料分布的情況是爲了查看是否符合某個分布，在統計學中有著重要的意義，不過也可以用另一種方式做呈現，也就是密度估計曲線，這裡所使用到的stat_density就是一種統計轉換用來計算密度估計曲線，如圖4-1.2.2所展示。

```
p<-ggplot(iris,aes(x=Sepal.Length))+
  geom_histogram(aes(y=..density..),
    fill='skyblue',colour='black')+
  stat_density(geom='line',color='black',
    linetype=2,size=1,adjust=2)+
  theme_bw()
print(p)
```

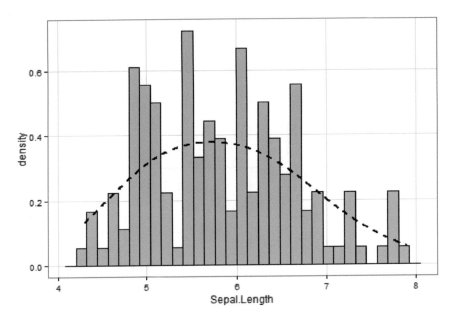

圖4-1.2.2　密度曲線直方圖

　　密度曲線有利於在不同數據上進行比較，例如我們對iris中三種不同的格式做分布的比較，在這當中所使用到position參數設置讓各曲線獨立繪製，最後使用到ggthemes包，提供經濟學雜誌的主題及用色，如圖4-1.2.3所展示。

```
p<-ggplot(iris,aes(x=Sepal.Length,color=Species,linetype=Species))+
 stat_density(geom='line',size=1,
        position='identity',adjust=1)+
 scale_colour_economist()+theme_economist()
print(p)
```

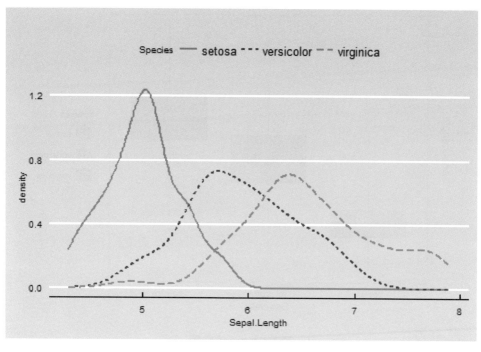

圖4-1.2.3　密度圖

　　當然除了直方圖以及密度圖之外，還有盒鬚圖可以做數據間的比較，如圖4-1.2.4所展示。

```
p<-ggplot(iris,aes(x=Species,y=Sepal.Length,fill=Species))+
 geom_boxplot()+theme_bw()
print(p)
```

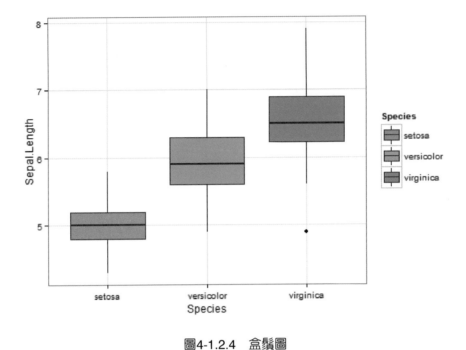

圖4-1.2.4　盒鬚圖

接下來是與盒鬚圖相似的小提琴圖，如圖4-1.2.5所展示。

```
p<-ggplot(iris,aes(x=Species,y=Sepal.Length,color=Species))+
geom_violin(size=1)+geom_point(alpha=0.5,position=position_jitter(0.1))+
scale_color_brewer(palette = "Set1")+theme_bw()
print(p)
```

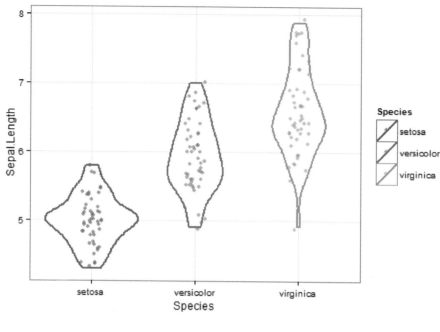

圖4-1.2.5　小提琴圖

4-1.3　比例的構成

　　許多數據會涉及到比例問題，例如mpg的資料當中有各車型所占有的比例，以及車型年份的比例，提供我們視覺化效果最常見的就是條狀圖，如圖4-1.3.1所展示。

```
mpg$year<-factor(mpg$year)
p<-ggplot(mpg,aes(x=class,fill=year))+
 geom_bar(color='black')+scale_fill_brewer()+
 theme_bw()
print(p)
```

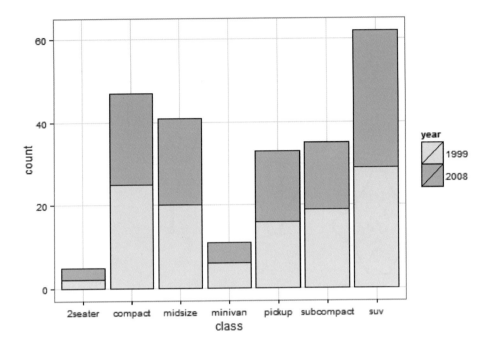

圖4-1.3.1　疊加條狀圖

當然我們更希望能夠觀察相對的比例，如圖4-1.3.2所展示。

```
p<-ggplot(mpg,aes(x=class,fill=year))+
 geom_bar(color='black',position=position_fill())+
 scale_fill_brewer()+theme_bw()
print(p)
```

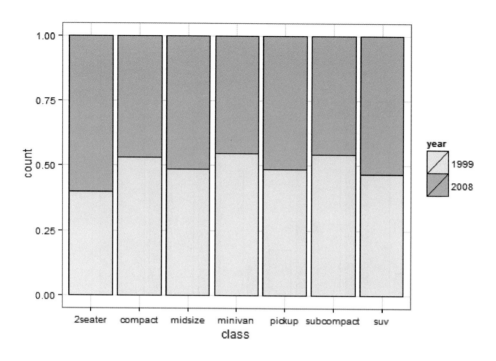

圖4-1.3.2　比例條狀圖

當然可能我們常見的長條圖也有，如圖4-1.3.3所展示。

```
p<-ggplot(mpg,aes(x=class,fill=year))+
 geom_bar(color='black',position=position_dodge())+
 scale_fill_brewer()+theme_bw()
print(p)
```

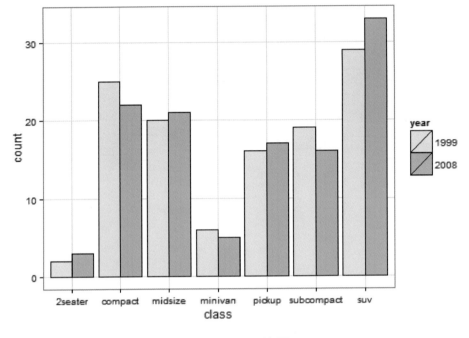

圖4-1.3.3　長條圖

如果說覺得條形圖面積太大、分類較多時，可能會給人家壓迫感，其實我們也可以用點的方式做呈現，如圖4-1.3.4所展示。

```
library(plyr)
data<-ddply(mpg,.(class,year),function(x) nrow(x))
p<-ggplot(data,aes(x=class,y=V1))
p+geom_linerange(aes(ymax=V1),
    color='gray',ymin=0,size=1)+
  geom_point(aes(color=year),size=5)+theme_bw()
```

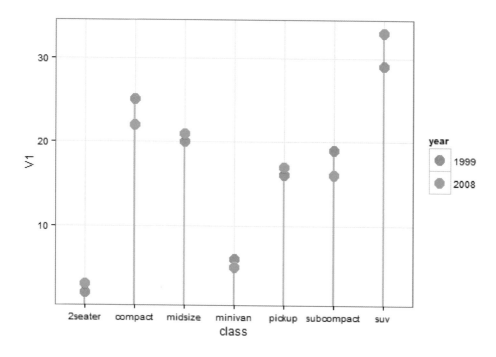

圖4-1.3.4　滑珠圖

4-1.4　時間的變化

　　時間序列數據是很常見的，時間序列數據視覺化最重要的是趨勢以及波動，例如我們看一下美國人儲蓄率的視覺化，從ggplot2包中economics的一部分數據觀察，如圖4-1.4.1所展示。

```
fillcolor<-ifelse(economics[440:470,"psavert"] > 0,
        "steelblue","red4")
p<-ggplot(economics[440:470,],aes(x=date,y=psavert))+
  geom_bar(stat='identity',fill=fillcolor)+theme_bw()
print(p)
```

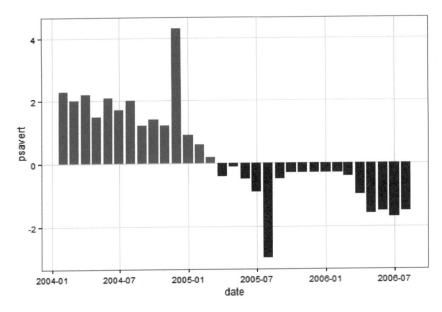

圖4-1.4.1　個人儲蓄率長條圖

　　此外，我們還可以將時間序列視覺化當中，將重要的時間點或區間標示出來，例如將2000~2001年作爲重點標示出來，我們可以使用到annotate函數把重點區間或值給標記出來，如圖4-1.4.2所展示。

```
library(ggthemes)
p<-ggplot(economics[300:470,],aes(x=date,y=psavert))+
 geom_area(fill="#76c0c1",size=0.3,position=position_identity())+
 geom_line(size=1,color="#014d64")+
 annotate(geom = "rect",xmax =
as.Date("2001-01-01"),xmin=as.Date("2000-01-01"),ymin=-4,ymax=10,alpha=0.
4,color="gray",fill="gray70")+
 annotate(geom =
```

"text",x=as.Date("2000-07-01"),y=7,label="2000")+theme_economist()

print(p)

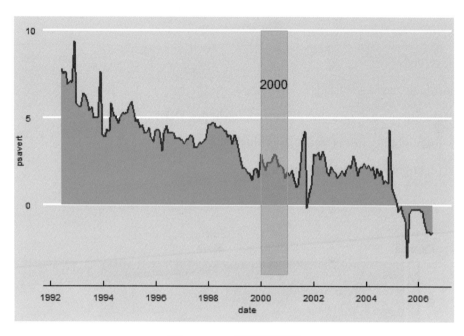

圖4-1.4.2　時間序列圖

🔍 4-2　馬賽克繪圖

4-2.1　mosaic plot

　　馬賽克繪製將數據化不同變數做劃分，然後再用不同面積做為不同組別的數據，在此我們用了觀察鐵達尼沉沒事件中，看有哪些人存活，使用的是vcd包中的mosaic函數，資料集為rinds包中的titanic。

　　按照性別和船艙等級作為分組依據，深紅色表示未能存活，淺藍色表示存活人數，由此可知，我們可以觀察到女性存活人數高於男性，由此可知當時驗證了女孩跟小孩先離開的救援原則，接下來依照船艙等級來看，一等艙及二等艙女性存活率都來得比三等艙高，因此同樣是女性，但艙位的差別卻決定了生死的命運，如圖4-2.1.1所展示。

```
library(vcd)
data(titanic,package="rinds")
mosaic(Survived~Class+Sex,data=titanic,shade=TRUE,
    highlighting_fill=c("red4","skyblue"),
    highlighting_direction= "right")
```

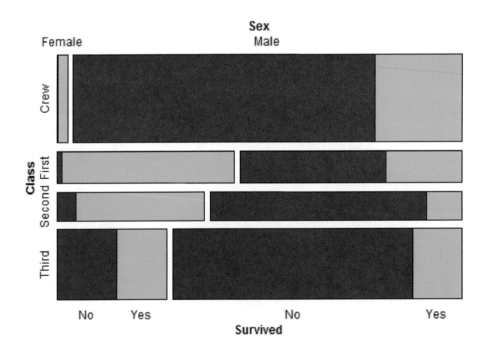

圖4-2.1.1　馬賽克圖

4-3   互動式繪圖

4-3.1   googleVis

googleVis簡單來說就是可以利用R的語法編輯，最後以網頁的方式做呈現以及互動，以最基本的畫折線圖作為範例，如圖4-3.1.1所展示。

```
library(googleVis)
df=data.frame(country=c("US", "GB", "BR"),
        val1=c(10,13,14),
        val2=c(23,12,32))
Line <- gvisLineChart(df)
plot(Line)
```

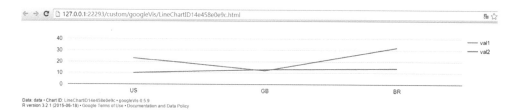

圖4-3.1.1   折線圖

當然也少不了長條圖範例，如圖4-3.1.2所展示。

```
Bar <- gvisBarChart(df)
plot(Bar)
```

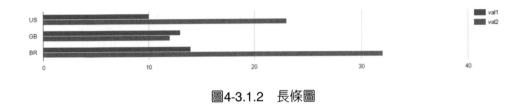

圖4-3.1.2　長條圖

而泡泡圖也是不可或缺的視覺化元素，如圖4-3.1.3所展示。

```
Bubble <- gvisBubbleChart(Fruits, idvar="Fruit",
            xvar="Sales", yvar="Expenses",
            colorvar="Year", sizevar="Profit",
            options=list(
                hAxis='{minValue:75, maxValue:125}'))
plot(Bubble)
```

圖4-3.1.3　泡泡圖

在googleVis裡，Gauge圖也是相當特別的，如圖4-3.1.4所展示。

```
Gauge <-  gvisGauge(CityPopularity,
            options=list(min=0, max=800, greenFrom=500,
                greenTo=800, yellowFrom=300,
yellowTo=500,redFrom=0, redTo=300, width=400, height=300))
plot(Gauge)
```

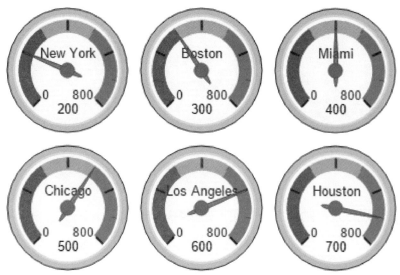

Data: CityPopularity • Chart ID: GaugeID14e42c4b18ce • googleVis-0.5.9
R version 3.2.1 (2015-06-18) • Google Terms of Use • Documentation and Data Policy

圖4-3.1.4　Gauge圖

　　當然就連google地圖也是可以呈現的，如圖4-3.1.5所展示。

```
AndrewMap <- gvisMap(Andrew, "LatLong" , "Tip",
        options=list(showTip=TRUE,
                showLine=TRUE,
                enableScrollWheel=TRUE,
                mapType='terrain',
                useMapTypeControl=TRUE))
plot(AndrewMap)
```

圖4-3.1.5　google地圖

就連表格呈現以及互動都不是問題，如圖4-3.1.6所展示。

```
PopTable <- gvisTable(Population,
            formats=list(Population="#,###",
                '% of World Population'='#.#%'),
            options=list(page='enable'))
plot(PopTable)
```

Rank	Country	Population	% of World Population	Flag	Mode	Date
1	China	1,339,940,000	19.5%		✓	2010年10月9日
2	India	1,188,650,000	17.3%		✓	2010年10月9日
3	United States	310,438,000	4.5%		✓	2010年10月9日
4	Indonesia	237,556,363	3.5%		✓	2010年10月9日
5	Brazil	193,626,000	2.8%		✓	2010年10月9日
6	Pakistan	170,745,000	2.5%		✓	2010年10月9日
7	Bangladesh	164,425,000	2.4%		✓	2010年10月9日
8	Nigeria	158,259,000	2.3%		✓	2010年10月9日
9	Russia	141,927,297	2.1%		✓	2010年10月9日
10	Japan	127,390,000	1.9%		✓	2010年10月9日

◄ ► [1] [2] [10] [20]

圖4-3.1.6　表格圖

最後也就是Motion Chart，可以線上即時互動的圖表，如圖4-3.1.7所展示。

```
Motion=gvisMotionChart(Fruits,
          idvar="Fruit",
          timevar="Year")
plot(Motion)
```

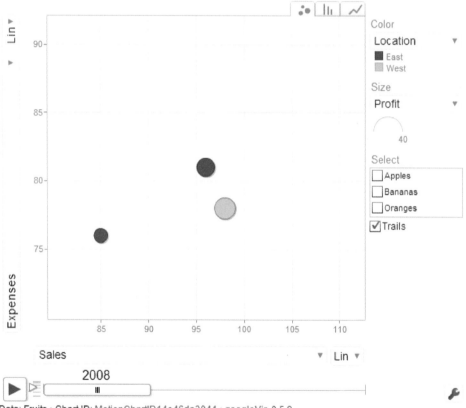

Data: Fruits • Chart ID: MotionChartID14e46da3044 • googleVis-0.5.9
R version 3.2.1 (2015-06-18) • Google Terms of Use • Documentation and Data Policy

圖4-3.1.7　Motion圖

4-3.2　Shiny package

　　shiny跟googleVis有異曲同工之妙，都是生成一格網址，並且可以在上面做一些互動，但shiny比googleVis多一道程序，shiny必須要有兩個R檔案，一個是server檔，另一個是ui檔，server檔改寫你要的呈現介面，而ui檔則是運算的程式，當然shiny本身的官網就有提供樣本作爲範例。

```
###將此檔儲存並命名爲ui
library(shiny)

# Rely on the 'WorldPhones' dataset in the datasets
# package (which generally comes preloaded).
library(datasets)

# Define the overall UI
shinyUI(

# Use a fluid Bootstrap layout
fluidPage(

# Give the page a title
titlePanel("Telephones by region"),

# Generate a row with a sidebar
sidebarLayout(
```

```
# Define the sidebar with one input
sidebarPanel(
  selectInput("region", "Region:",
          choices=colnames(WorldPhones)),
  hr(),
  helpText("Data from AT&T (1961) The World's Telephones.")
),

# Create a spot for the barplot
mainPanel(
  plotOutput("phonePlot")
)

)
)
)
```

```
###將此檔儲存並命名為server
library(shiny)

# Rely on the 'WorldPhones' dataset in the datasets
# package (which generally comes preloaded).
library(datasets)

# Define a server for the Shiny app
shinyServer(function(input, output) {
```

```
# Fill in the spot we created for a plot
output$phonePlot <- renderPlot({

  # Render a barplot
  barplot(WorldPhones[,input$region]*1000,
      main=input$region,
      ylab="Number of Telephones",
      xlab="Year")
})
```

接著按下右上角的Run App即可升成一個網址做互動式的呈現，如圖4-3.2.1所呈現。

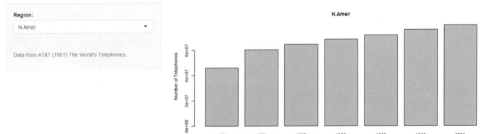

圖4-3.2.1　長條圖

不只是圖形的呈現，表格也是可以做線上的互動，如圖4-3.2.2所展示。

Basic DataTable

Manufacturer:	Transmission:	Cylinders:
All ▼	All ▼	All ▼

Show 25 ▼ entries　　　　　　　　　　　　　　　　　　　　　　Search:

manufacturer ⬍	model ⬍	displ ⬍	year ⬍	cyl ⬍	trans ⬍	drv ⬍	cty ⬍	hwy ⬍	fl ⬍	class ⬍
audi	a4	1.8	1999	4	auto(l5)	f	18	29	p	compact
audi	a4	1.8	1999	4	manual(m5)	f	21	29	p	compact
audi	a4	2.0	2008	4	manual(m6)	f	20	31	p	compact
audi	a4	2.0	2008	4	auto(av)	f	21	30	p	compact
audi	a4	2.8	1999	6	auto(l5)	f	16	26	p	compact
audi	a4	2.8	1999	6	manual(m5)	f	18	26	p	compact
audi	a4	3.1	2008	6	auto(av)	f	18	27	p	compact
audi	a4 quattro	1.8	1999	4	manual(m5)	4	18	26	p	compact
audi	a4 quattro	1.8	1999	4	auto(l5)	4	16	25	p	compact
audi	a4 quattro	2.0	2008	4	manual(m6)	4	20	28	p	compact
audi	a4 quattro	2.0	2008	4	auto(s6)	4	19	27	p	compact
audi	a4 quattro	2.8	1999	6	auto(l5)	4	15	25	p	compact

圖4-3.2.2　表格圖

當然使用者想要如何呈現都沒有問題，完全取決於自己在server上的設定，不單單是只能放圖片，也能一起將表格都秀出，如圖4-3.2.3所展示。

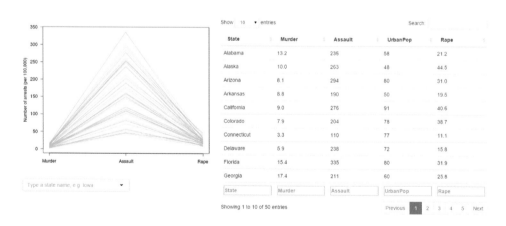

圖4-3.2.3　Shiny圖

4-4 社會網絡繪圖

4-4.1 igraph入門

igraph是為了進行社會網絡分析而創建的一個包。與R語言中同類包相比，它的速度更快，而且函數命令與圖形展現更為豐富。它可以處理有向網絡和無向網絡，但無法處理混合網絡。igraph中的函數非常多，先提供一些簡單的例子展示。

使用最基本的graph函數，用向量作為參數來創建圖形，之後用plot繪製出結果，如圖4-4.1.1所展示。

```
library(igraph)
g1 <- graph( c(1,2, 2,3, 3,4, 4,5), n=5 )
plot(g1,layout=layout.circle(g1))
```

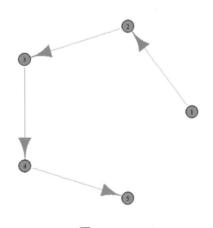

圖4-4.1.1

也可以畫出一些特殊結構的圖形，例如下面的星形圖，如圖4-4.1.2所展示。

```
g2 <- graph.star ( 10 , mode = "in" )
plot ( g2 , layout =layout.fruchterman.reingold ( g2 ) )
```

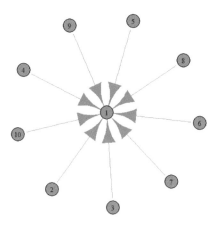

圖4-4.1.2　星形圖

4-4.2　social network plot

社會網絡分析是用來檢視節點、連結之間的社會關係。節點是網路裡的個人參與者，連結則是參與者之間的關係。節點之間可以有很多種連結。一些學術研究已經顯示，社交網路在很多層面運作，從家庭到國家層面都有，並扮演著關鍵作用，決定問題如何得到解決，組織如何運行，並在某種程度上決定個人能否成功實現目標。

用最簡單的形式來說，社會網絡是一張地圖，標示出所有與節點相關的連結。社交網路也可以用來衡量個人參與者的社會資本。這些概念往往顯示在一張社會網絡圖，其中節點是點狀，連結是線狀。例如我們用此網站http://openflights.org/data.html的數據，對中國大陸的機場和航線訊息進行了一個簡單的可視化，如圖4-4.2.1所展示，具體的步驟如下：

1. 從網站下載機場數據和航線數據。
2. 從中挑選出中國大陸的機場和國內航線，並加以整理。
3. 用ggmap包讀取谷歌地圖。
4. 將機場和航線訊息繪製在地圖上。

```
library ( ggmap )

data.port <- read.csv ( 'd: \\ airports.dat' , F )

data.line <- read.csv ( 'd: \\ routes.dat' , F )

library ( stringr )

#找到中國大陸的機場

portinchina <- str_detect ( data.port [ , 'V4' ] , "China" )

chinaport <- data.port [ portinchina , ]

#去除少數幾個沒有編號的機場

chinaport <-chinaport [ chinaport$ V5!= '' ,
          c ( 'V3' , 'V5' , 'V7' , 'V8' , 'V9' ) ]

names ( chinaport ) <- c ( 'city' , 'code' , 'lan' , ' lon' , 'att' )


#找出國內航班

lineinchina <- ( data.line [ , 'V3' ] %in% chinaport$code ) & ( data.line [ , 'V5' ]
%in% chinaport$code )

chinaline <- data.line [ lineinchina , c ( 'V3' , 'V5' , 'V9' ) ]

names ( chinaline ) <- c ( 'source' , 'destination' , 'equipment' )
```

```
#構建一個函數，根據機場編碼得到經緯度
findposition <- function ( code ) {
    find <- chinaport$code==code
    x <- chinaport [ find , 'lon' ]
    y <- chinaport [ find , 'lan' ]
    return ( data.frame ( x , y ) )
}


#將機場編碼轉爲經緯度
from <- lapply ( as.character ( chinaline$source ) , findposition )
from <- do.call ( 'rbind' , from )
from$group <- 1 : dim ( from ) [ 1 ]
names ( from ) <- c ( 'lon' , 'lan' , 'group' )


to <- lapply ( as.character ( chinaline$destination ) , findposition )
to <- do.call ( 'rbind' , to )
to$group <- 1 : dim ( to ) [ 1 ]
names ( to ) <- c ( 'lon' , 'lan' , 'group' )
data.line <- rbind ( from , to )
temp<- data.line [ data.line$group< 100 , ]
#用ggmap包從google讀取地圖數據，並將之前的數據標註在地圖上。
ggmap ( get_googlemap ( center = 'china' , zoom= 4 ,
            maptype= 'roadmap' ) , extent= 'device' ) +
    geom_point ( data =chinaport , aes ( x=lon , y=lan ) ,
            colour = 'red4' , alpha= 0.8 ) +
```

```
geom_line ( data =data.line , aes ( x=lon , y=lan , group = group ) ,
    size= 0.1 , alpha= 0.05 , color= 'red4' )
```

下圖是對國內機場和航線訊息進行了一個簡單的可視化。圓點表示了中國大陸163個機場的位置，線條顯示了5,381條航線。

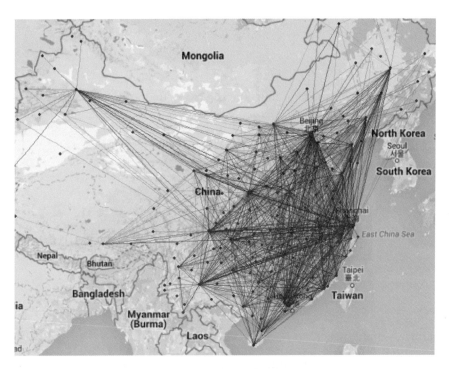

圖4-4.2.1　中國大陸機場航線圖

4-5　熱繪圖

4-5.1　heat map

　　熱圖是彩色矩形的組合圖。每個矩形代表一個維度元素。熱圖允許您能夠一次性快速了解眾多變數的狀態和產生的影響。熱圖常被用於金融服務行業用來審查公事包的狀態。矩形包含各種顏色陰影效果用來強調各個組成部分的重要性。例如我們使用2008~2009年賽季NBA 50個頂級球員的數據來做一個可視化的展示。如圖4-5.1.1所示。

```
# 讀取數據：

nba =read.csv( " http://datasets.flowingdata.com/ppg2008.csv " , sep= " , " )


# Step 2. Sort data
# 按照球員得分，將球員從小到大排序：


nba <- nba[order(nba$PTS),]


# Step 3. Prepare data
# 把行號換成行名（球員名稱）：
row.names(nba) <- nba$Name
# 去掉第一列行號：

nba <- nba[,2:20] # or nba <- nba[,-1]
# Step 4. Prepare data, again
# 把data frame轉化為我們需要的矩陣格式：

nba_matrix <- data.matrix(nba)
```

Step 5. Make a heatmap

R的默認還會在圖的左邊和上邊繪製dendrogram，使用Rowv=NA,

Colv=NA去掉

heatmap(nba_matrix, Rowv=NA, Colv=NA, col=cm.colors(256), revC=FALSE,

scale= ' column ')

Step 6. Color selection

或者想把熱圖中的顏色換一下：

heatmap(nba_matrix, Rowv=NA, Colv=NA, col=heat.colors(256),

revC=FALSE, scale= " column " , margins =c(5,10))

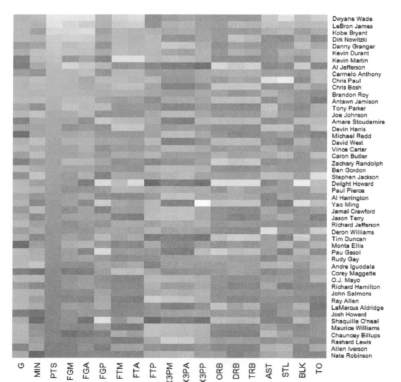

圖4-5.1.1　NBA數據熱圖

這裡共列舉了50位球員，估計愛好籃球的人對上圖右邊的每個名字都會耳熟能詳。這些球員每個人會有19個指標，包括打了幾場球〔 G 〕、上場幾分鐘〔 MIN 〕、得分〔 PTS 〕……這樣就形成了一個50行×19列的矩陣。

這裡對熱圖進行一個簡單的說明，比如從熱圖中觀察到得分的前三名（Wade、James、Bryant）PTS、FGM、FGA比較高，但Bryant的FTM、FTA和前兩者就差一些；Wade在這三人中STL是佼佼者；而James的DRB和TRB又比其他兩人好一些。最特別的是姚明的3PP（3 Points Percentage）這條數據很有意思，非常出色！仔細查了一下這個數值，居然是100%。仔細回想一下，似乎那個賽季，姚明好像投過一個3分球，並且中了，然後再也沒有投過3分球了。這也說明此項數據樣本數太小的問題。

🔍 4-6　地圖

4-6.1　使用R繪製台灣地圖

使用gadm.org的台灣地理空間資料，至 http://www.gadm.org/country 下載台灣地區地理空間資料，目前資料有Level 0、Level 1及Level 2三種。繪製台灣地圖，如圖4-6.1.1所示。

```
library(ggmap)
library(ggplot2)
library(sp)


# 讀取台灣地理空間資料
con <- readRDS("D:\\TWN_adm2.rds")
print(load(con))
```

```
close(con)
data <- fortify(con)


# qmap繪製台灣地圖
# geom_polygon:紅色邊線、黑色填滿(透明度alpha=.3)
qmap('nantou',zoom=7)+geom_polygon(aes(x=long, y=lat ,group=group), data=
data,colour='red',fill='black',alpha=.3,size=.2)
```

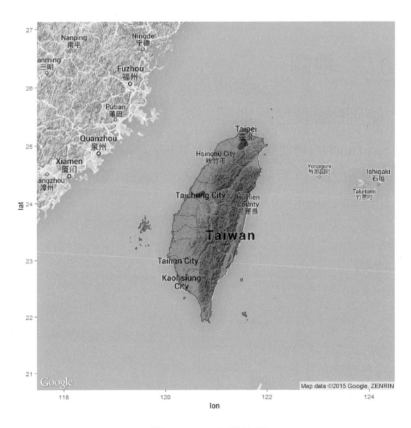

圖4-6.1.1　台灣地圖

geom_polygon繪製縣市區域，以台北為例，如圖4-6.1.2所示。

```
qmap('taipei',zoom=10)+geom_path(aes(x=long, y=lat ,group=group),
data=data,colour='yellow',alpha=.4,size=2)
```

圖4-6.1.2　台北地圖

加入座標資料：

```
geocode('taichung city hall')
```

產生10筆隨機座標繪製在地圖上，如圖4-6.1.3所示。

```
library(ggmap);
library(ggplot2);

set.seed(500);
df <- round(data.frame(x = jitter(rep(120.68, 10), amount = .2),y = jitter(rep(
24.14, 10), amount = .2) ), digits = 2);
map <- get_googlemap('taichung city hall', markers = df, path = df, scale = 2);
ggmap(map, extent = 'normal');
```

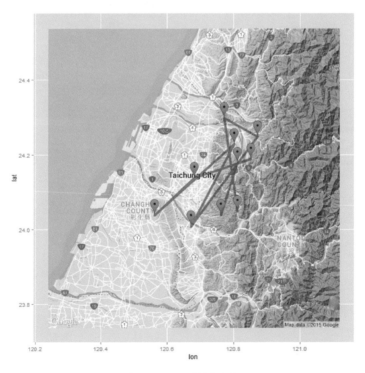

圖4-6.1.3　隨機座標

4-6.2　R與Google地圖相結合

　　資料視覺化應用包括將地理位置資料（如：經、緯度資料）直接顯示於地圖之中。R包括多種套件可完成地理資料視覺化，這裡介紹 RGoogleMaps 套件，以育達科技大學為例，標示主要交通方式，如圖4-6.2.1所示。

◉ 操作流程說明

1. 先找出育達科技大學的經、緯度資料，方法：在Google Map 中輸入「育達科技大學」，在地圖中選取該位置＼按右鍵＼這是哪裡？畫面上方顯示 24.650138,120.847179 即為經度、緯度。

2. 同理依序找出下列位置經度、緯度：
   竹南交流道 Zhunan Intercept
   頭份交流道 Toufen Intercept
   竹南火車站 Zhunan Station

　　程式碼：

```
library(RgoogleMaps)
# location: YuDa University, Zhunan Station, Zhunan and Toufen Intercept
lats <- c( 24.650138, 24.686601, 24.679427, 24.691631)
lons <- c(120.847179, 120.88063, 120.846945, 120.918313)
center <- c(mean(lats), mean(lons))
zoom <- min(MaxZoom(range(lats), range(lons)))


# download a static map from the Google server
MyMap <- GetMap(center=center, zoom=zoom, markers =
```

```
"&markers=color:blue|label:G|24.651113,120.842976&markers=c
olor:red|label:T|24.686601,120.88063&markers=color:red|color:re
d|label:I|24.679427,120.846945&markers=color:red|color:red|label
:I|24.691631,120.918313",
destfile="YuDa-map.png")

# add arrows
s <- seq(length(lats)-1)
PlotArrowsOnStaticMap(MyMap, lat0=lats[1], lon0=lons[1]+0.001,
lat1=lats[s+1]+0.001, lon1=lons[s+1], col='red', lwd=2, code=1)

# add texts
TextOnStaticMap(MyMap, lat=lats[1],lon=lons[1], "Yu Da University of Science
and Technology", cex=0.8, col='red', add=TRUE)
TextOnStaticMap(MyMap, lat=lats[2],lon=lons[2], "Zhunan Station", cex=0.8,
col='red', add=TRUE)
TextOnStaticMap(MyMap, lat=lats[3],lon=lons[3], "Zhunan Intercept", cex=0.8,
col='red', add=TRUE)
TextOnStaticMap(MyMap, lat=lats[4],lon=lons[4], "Toufen Intercept", cex=0.8,
col= 'red', add=TRUE)
```

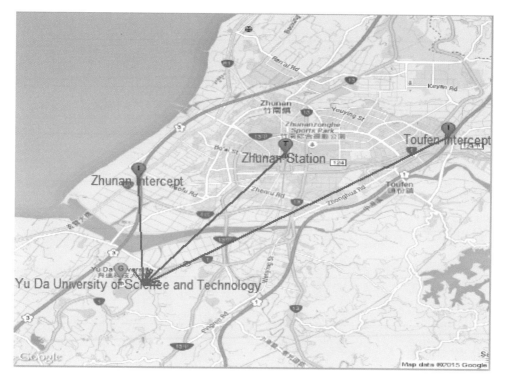

圖4-6.2.1　育達科技大學主要交通方式

## 第 5 章

視覺化網站

5-1　Enigma Labs | Temperature Anomalies

5-1.1　網站介紹

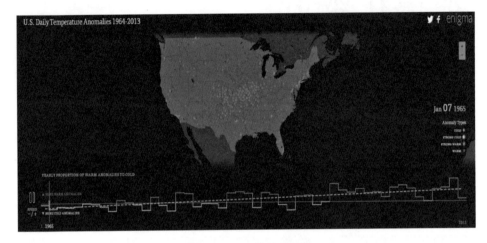

圖5-1.1.1　網站介面

　　此網站是1964至2013年的美國每日溫度異常變化，以年份為基準的動態圖表，可以清楚看到逐年的溫度異常變化。

5-1.2　案例應用

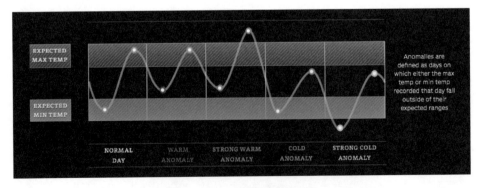

圖5-1.2.1　異常溫度變化圖

利用這些數據，我們可以判斷地球上大部分的地區通常是怎樣的天氣，區分成四種類型，warm anomaly、strong warm anomaly、cold anomaly、strong cold anomaly。

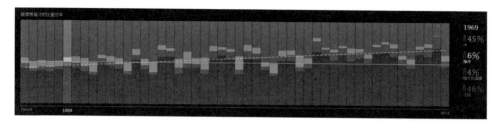

圖5-1.2.2　異常溫度趨勢圖

自1964年以來，warm 和 strong warm 的比例異常已從約42％上升到近67％，每年0.5％的平均增幅。這一趨勢，有一個廣義線性模型，占年與年變化溫暖與冷異常的40％，並且與p值接近0.0呈現高度顯著。雖然我們仍持謹慎態度，使得基於這個模型的預測，異常溫暖這個比例每年將定期下跌70％以上，至2030年。

🔍 5-2　資料視覺化

5-2.1　網站介紹

網站有提供一些資料視覺化的教學與程式碼，可以看到不同種類的視覺化效果，讓圖表的呈現可以更生動。

圖5-2.1.1　網站介面

5-2.2　案例應用

　　首先，我們要取得全球地震的即時資料，並確認能取得資料的使用授權。以個人或小型企業的力量很難蒐集到這樣的資料，但是透過 Google 搜尋，我們很快的在美國政府 USGS 網站找到了全球地震的即時資料；它提供包含 KML、ATOM、GEOJSON 等各式各樣的格式與不同的時間區間供下載；至於資料的使用授權則是 Public Domain，代表我們可以自由的使用。

　　取下來的 Geojson 檔內包含了一個個代表世界各地地震的座標點，值得注意的是，每個座標點除了經緯度外，還多了深度。比方說，5月1日下午5點多，發生於阿拉斯加的地震，其資料大概像下面這樣：

```
{
"type":"Feature",
"properties":{"mag":2.7,"time":1430470821000," ... },
```

```
"geometry":{"type":"Point","coordinates":[-156.489,57.3437,11.5]}, ...
}
```

　　可以看到經緯度座標是-156.489（經度）、57.3437（緯度）、深度則是11.5公里。直接用d3.json讀取後做資料綁定，並設定CSS ClassName「quake」以便跟陸地版塊做區隔：

```
d3.json("quake.json", function(quake) {
  var circles = d3.select("svg").selectAll("path.quake")
    .data(quake.features).enter().append("path").attr("class", "quake");
});
```

　　爲了實際表現地震規模的威力，我們利用泡泡面積來呈現不同規模所對應的地震波振幅。地震規模每差一級，地震波產生的最大振幅則相差10倍，而泡泡的面積又與半徑平方成正比，所以規模每增一級，對應到的泡泡半徑約增加3.162 倍（10的平方根），我們使用 Math.pow 函式將規模對應到適當的泡泡大小（如下）：

```
function magmap(mag) {
  return Math.pow(3.162, it) / 100;
}
```

　　產生的「規模－泡泡對應」大致上則會如下圖：

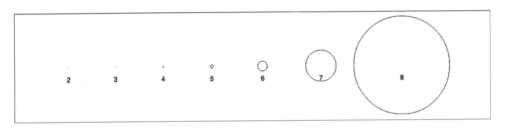

Earthquake Magnitude

地震規模對應到的圈圈大小，以面積表現地震波振幅

圖5-2.2.1

接下來，我們要將各別的地震轉換成SVG物件，類似陸地版塊，D3.js 提供我們把單點繪製成圓圈的輔助函式，我們只要提供半徑計算函式就可以了。我們利用半徑來表示地震規模（規模可以在地震資料中的properties.mag 取得），並透過magmap轉換函式轉成適當的數值：

```
var pathQuake = d3.geo.path().projection(projection)
  .pointRadius(function(it) {
    return magmap(parseFloat(it.properties.mag));
});
```

最後，記得利用 pathQuake 把剛剛綁定好的 path 標籤畫出來，為了方便隨著滑鼠移動而更新，我們將之寫成一個函式：

```
function updateQuakeLocation() {
  circles.attr({
    d: pathQuake,
```

```
    stroke: "red", // 畫紅圈
    fill: "none"   // 紅圈不填滿
  });
}
```

接著在原本地球儀的滑鼠事件處理函式中，呼叫updateQuakeLocation()，我們的地震地球儀就完成了！小編順手加上了一個Legend，這樣可以清楚的對照每個泡泡的地震規模：

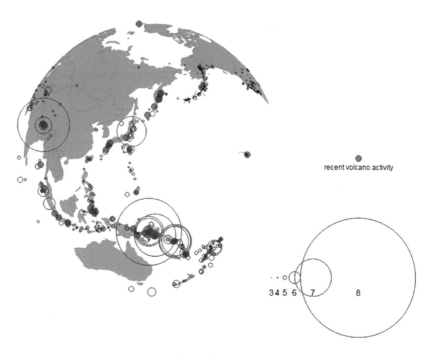

圖5-2.2.2

🔍 5-3 christopheviau.com/d3list/gallery.html

5-3.1 網站介紹

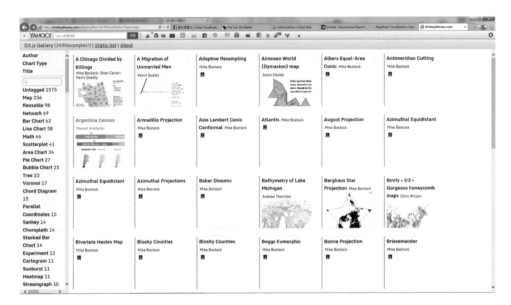

圖5-3.1.1 網站介面

　　此網站有各式各樣的視覺化圖型教學，例如：劃地圖、圓餅圖、樹狀圖……等等，有提供程式碼可作為參考。

5-3.2　案例應用

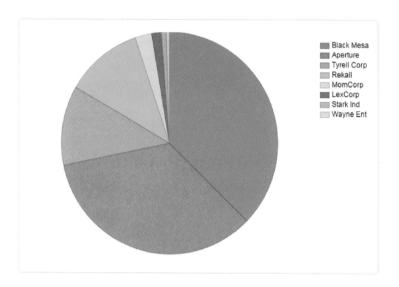

圖5-3.2.1

```
<div id="chartContainer">
 <script src="/lib/d3.v3.4.8.js"></script>
 <script src="http://dimplejs.org/dist/dimple.v2.1.2.min.js"></script>
 <script type="text/javascript">
  var svg = dimple.newSvg("#chartContainer", 590, 400);
  d3.tsv("/data/example_data.tsv", function (data) {
   var myChart = new dimple.chart(svg, data);
   myChart.setBounds(20, 20, 460, 360)
   myChart.addMeasureAxis("p", "Unit Sales");
   myChart.addSeries("Owner", dimple.plot.pie);
```

```
    myChart.addLegend(500, 20, 90, 300, "left");

    myChart.draw();

   });

  </script>

 </div>
```

5-4 jillhubley.com/project/nyctrees/

5-4.1 網站介紹

圖5-4.1.1 網站主頁

此網站是紐約市的城市森林，提供了大量的環境效益和社會效益，以及行道樹構成的樹冠約25%。可看到物種百分比穿越整個城市的一些數字，看看有什麼圖案成形於各社區和整個城市、看樹木的密度轉移。

5-4.2　案例應用

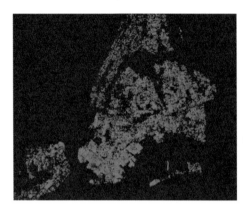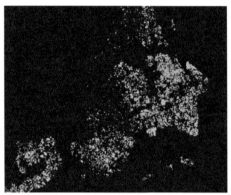

圖5-4.2.1　左：倫敦平面分布；右：銀楓分布

　　可以探索地圖方式有兩種：透過使用工具提示和變焦功能，以確定特定的樹木，或透過使用過濾器選項來查看每個物種的分布。還提供更抽象的視圖的選項。

🔍 5-5　Data Visualization

5-5.1　網站介紹

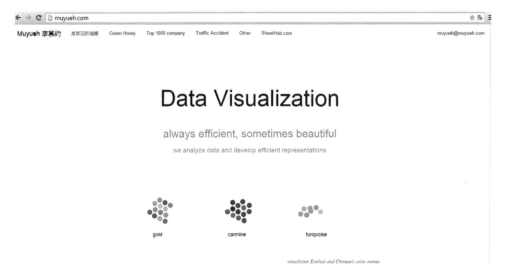

圖5-5.1.1　網站介面

　　此網站為李莫約的部落格，網頁內容說明他將資料視覺化的內容，網頁裡有許多範例，但非教學。

5-5.2　案例應用

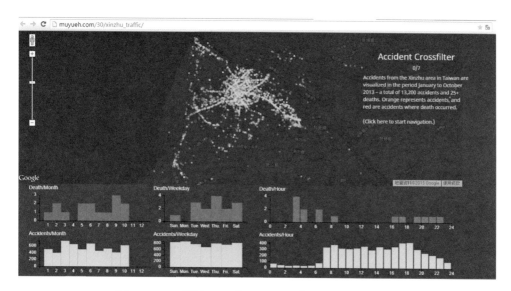

圖5-5.2.1　新竹2013年1至10月中發生的事故意外

　　由圖5-5.2.1得知，作者將事故意外結合Google呈現出交通事故意外及死亡地點，由圖形表示出來，讓我們得知哪些路段是交通意外事故較為嚴重，並且得知哪些地區發生事故之後，造成死亡的機率較高，由圖表而使人們更能淺顯易懂。

Language represents our view of the world, and knowing its limits helps us understand how our perception works.

I used the data from Wikipedia's "Color" entry for different languages. My assumption was:

"Different languages have different ways to describe color."

(Scroll Down to Start)

圖5-5.2.2　此圖為將顏色視覺化

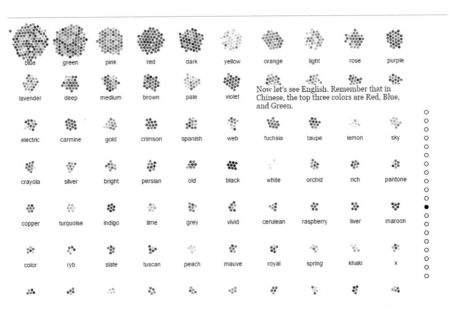

Now let's see English. Remember that in Chinese, the top three colors are Red, Blue, and Green.

圖5-5.2.3　此圖為英文字的顏色

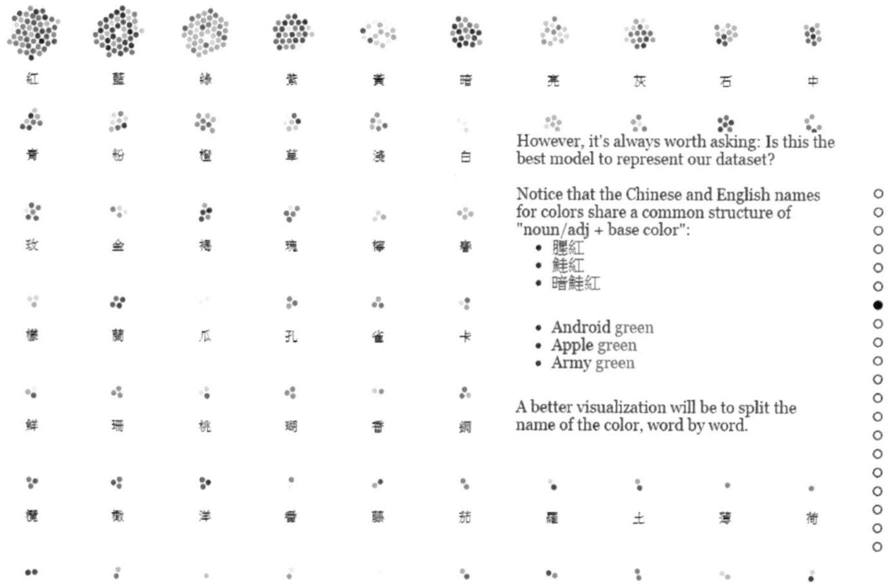

紅　藍　綠　紫　黃　暗　亮　灰　石　中

青　粉　橙　草　淺　白

However, it's always worth asking: Is this the
best model to represent our dataset?

Notice that the Chinese and English names
for colors share a common structure of
"noun/adj + base color":
- 腥紅
- 鮭紅
- 暗鮭紅

- Android green
- Apple green
- Army green

A better visualization will be to split the
name of the color, word by word.

玫　金　褐　瑰　檸　攀

懶　蘭　瓜　孔　雀　卡

鮮　瑚　桃　琥　香　鋼

欖　橄　洋　靛　藤　菰　羅　土　薄　荷

圖5-5.2.4　此圖為中文字的顏色

　　由圖5-5.2.3及圖5-5.2.4得知英文字詞跟中文字詞的顏色觀是有些微差別
的，我們從文字中很難聯想顏色，但將其視覺化之後，使得我們一眼即可辨
認出原來字詞所代表的顏色這麼多樣。

5-6　Make Beautiful Infographics For Free

5-6.1　網站介紹

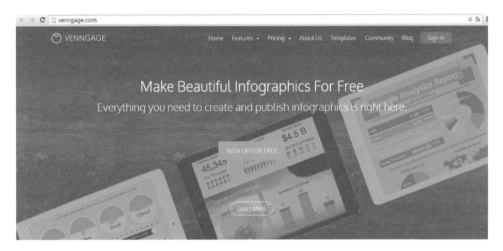

圖5-6.1.1　網站介面

此網站採會員制，無須付費，可以用Google帳號及FB帳號登入即可，此網站是提供給人們製作美麗的視覺化圖表等，登入之後會有許多範例可供使用。

5-6.2　案例應用

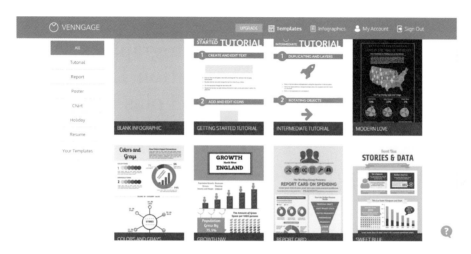

圖5-6.2.1　登入之後介面

登入之後，介面如同圖5-6.2.1，裡面有許多模板可做使用，其中包含可以做教程，報告，圖表，日曆，簡歷……等等，供使用者隨意發揮，使得報告的時候更能添加一份吸睛感。

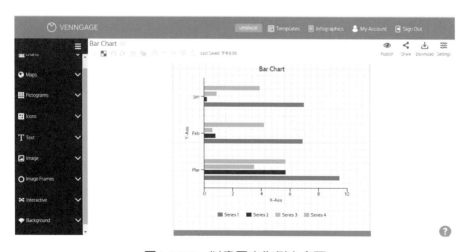

圖5-6.2.2　以畫圖表為例之介面

以畫圖表爲範例，有許多選項供使用者客製化圖表，包含匯入資料，圖表設置，字體設定……等等，最後還可以分享以及匯出成自己的圖片。

5-7　Web Animation Infographics: A Map of the Best Animation Libraries for JavaScript and CSS3 plus Performance Tips

5-7.1　網站介紹

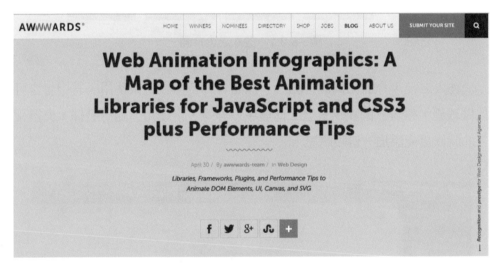

圖5-7.1.1　網站介面

　　此網站爲網路動畫訊息圖表，利用Javascript及CSS3資料製作出圖表，此網站附有教學。

5-7.2 案例應用

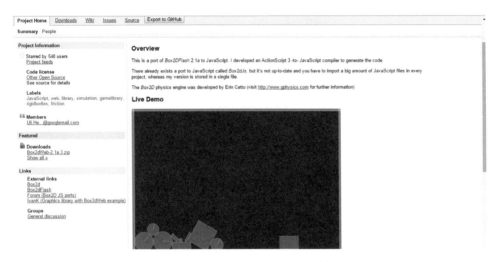

圖5-7.2.1 以Box2DFlash為例子

　　選其中一個範例教學，它會提供給你現場的演示以及用法等，可使用這上面的操作技術。

5-8　Using shp2stl to Convert Maps to 3D Models

5-8.1　網站介紹

DOUG McCUNE

Code, Art, and Maps, oh my!

CODE, MAPS

Using shp2stl to Convert Maps to 3D Models

DECEMBER 30, 2014

DOUG

3 COMMENTS

I've been working on a utility called shp2stl that converts geographic data in shapefiles to 3D models, suitable for 3D printing. The code is published as a NodeJS package, available on npm and GitHub.

You can control the height of each shape by specifying an attribute of your data to use. Each shape will be placed along the z-axis based on the shape's value relative to the max range in

圖5-8.1.1　網站介面

　　此網頁為做效用shp2stl在shape文件到3D模型，適用於3D列印轉換地理數據。該代碼被發布為一個NodeJS包，可用在NPM和GitHub上。

　　使用者可以透過指定要使用的數據的屬性，控制每個形狀的高度。每個形狀將被放置沿著基於該形狀的相對於最大範圍的數據值上的z軸。此外，如果你想更詳細的控制，你可以指定一個函數使用得出每個形狀。

5-8.2　案例應用

extrude each shape.

Examples

South Napa Earthquake

Here's an example using the recent South Napa earthquake, first as the source shapefile:

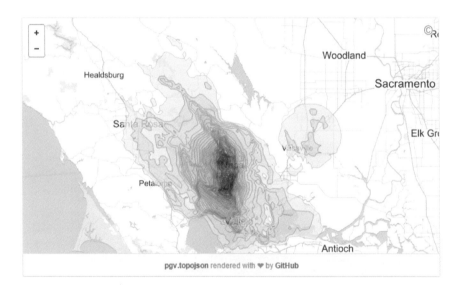

圖5-8.2.1　以地震為範例做使用

Then converted to a 3D model using shp2stl:

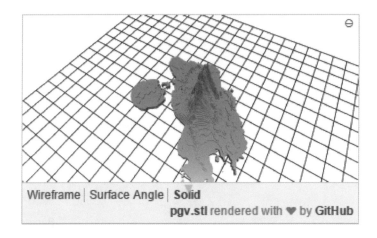

And finally printed with a 3D printer:

圖5-8.2.2　利用shape包轉成3D圖象

在此可以透過shape包裡面的函數，將2D圖象轉成3D圖。

How to use it

shp2stl is a NodeJS package you can install via npm. You can install it like any npm package by doing

```
npm install shp2stl
```

If you're new to NodeJS then you'll also have to download Node (which comes bundled with npm). shp2stl is not a standalone program that you run, you have to use it in your own NodeJS code.

The easiest way to understand how to use the package is via an example:

```
1.    var fs = require('fs');
2.    var shp2stl = require('shp2stl');
3.
4.    var file = 'SanFranciscoPopulation.shp';
5.
6.    shp2stl.shp2stl(file,
7.        {
8.            width: 100, //in STL arbitrary units, but typically 3D
    printers use mm
9.            height: 10,
10.           extraBaseHeight: 0,
11.           extrudeBy: "Pop_psmi",
12.           simplification: .8,
13.
14.           binary: true,
15.           cutoutHoles: false,
16.           verbose: true,
17.           extrusionMode: 'straight'
18.        },
19.        function(err, stl) {
20.            fs.writeFileSync('SanFranciscoPopulation.stl',  stl);
21.        }
22.    );
```

圖5-8.2.3　如何製作3D圖象的教學與方法

　　此網站裡附有教學操作步驟及語法，使圖象從2D轉成3D視覺化介面，讓讀圖表成為動態化，不僅增添了樂趣，對於使用者視野更為之一亮。

5-9　　AXIIS

5-9.1　網站介紹

圖5-9.1.1　網站介面

　　Axiis網站是一個軟體開源的資料可視化框架設計，爲初學者和專家的一致好評開發商。Axiis是建立在Degrafa圖形框架和Adobe Flex3。

5-9.2　案例應用

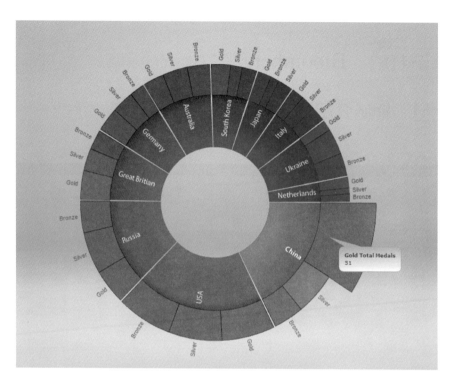

圖5-9.2.1　可視化國家金銀銅的比例

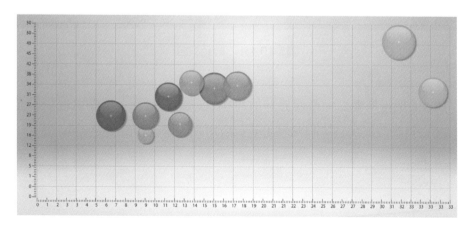

圖5-9.2.2　可視化泡泡圖

由圖5-9.2.1得知，將各個國家金銀銅的比例使用圓餅圖來可視化，將滑鼠點至中國的黃金，可知比例為51。

5-10　Bloomberg

5-10.1　網站介紹

圖5-10.1.1　網站介面

Bloomberg是麥克‧彭博於1981年創立的業務遍及全球的財經類媒體集團。2012年營收較2011年的76億美元有所增長，增至79億美元。

5-10.2 案例應用

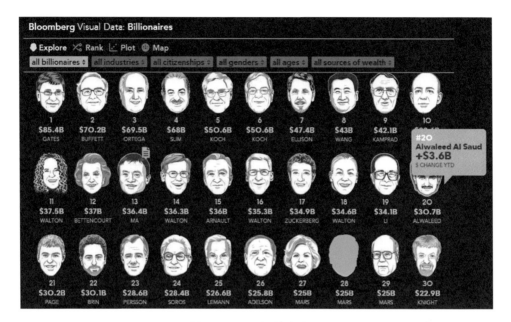

圖5-10.2.1 網站之介面

bloomberg網站探索性可視化出世界億萬富翁排名,以及性別、年齡、產業,也能依據世界地圖,標出主要富豪的位置。

5-11　blog.threestory

5-11.1　網站介紹

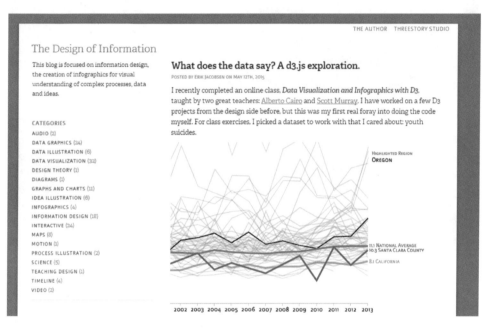

圖5-11.1.1　網站介面

　　此網站是一個資訊設計的工作室，創造資訊複雜圖型的流程，以數據和觀點的視覺理解作探討的一個網站，在網站左方有各種資料可視化分析的分類。

5-11.2 案例應用

Bubble Bandwidth

Palo Alto Networks launched the data visualization that we created yesterday with the release of their Application Usage & Threat Report. It's a depiction of network traffic collected from 3,000+ organizations. The visualization gives you a sense of the applications that eat up the most bandwidth and represent the greatest risk. There are many ways to slice and filter the data, facilitated by the capabilities of the d3.js library. Many thanks to Jérôme Cukier for his coding expertise to bring the concept to life.

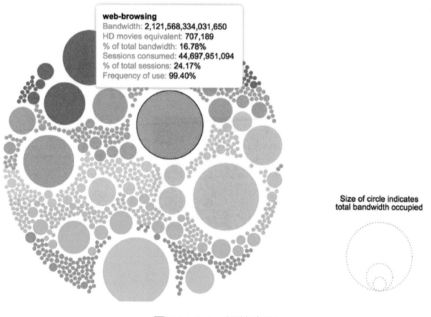

圖5-11.2.1　網站介面

　　帕洛阿爾托網絡推出了我們昨天與他們的版本創建的數據可視化應用程序使用和威脅報告。它的網絡流量來自3,000多家組織蒐集的描述。可視化帶給人們最大頻寬和所代表的風險最大的應用程序的感覺。在此可由d3.js庫的許多方法進行切片和篩選數據。

🔍 5-12　FLOWINGDATA

5-12.1　網站介紹

圖5-12.1.1　網站介面

　　FLOWINGDATA這個網站的實際分析匯入資料需要付費，並不是免費的，需要辦帳號付費才能夠使用，而此網站有很多地理與商業的交叉視覺繪圖可應用與學習。

5-12.2　案例應用

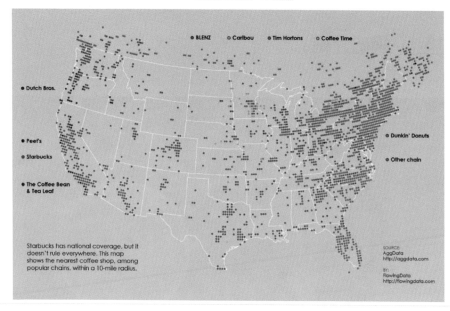

圖5-12.2.1　咖啡廣場地理學

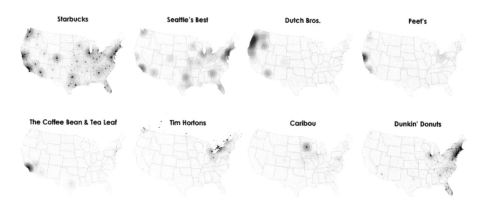

圖5-12.2.2　網站介面

此網站可見星巴克、BLENZ、Tim Hortons、Dunkin'Donuts店在美國分布的狀況，可知不同地理區域的偏好會傾向不同的店消費。

5-13　WebGL Globe

5-13.1　網站介紹

圖5-13.1.1　網站介面

此網站是一個利用JavaScript API呈現3D電腦圖形技術的開放平台，使地理數據可視化，並鼓勵使用者複製程式代碼後，添加自己的數據來創建動態圖形。

5-13.2　案例應用

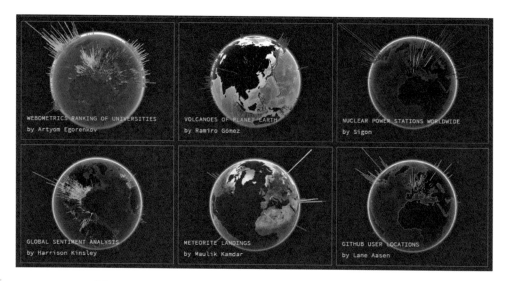

圖5-13.2.1　網站上有其他使用者分享的範例可供人使用

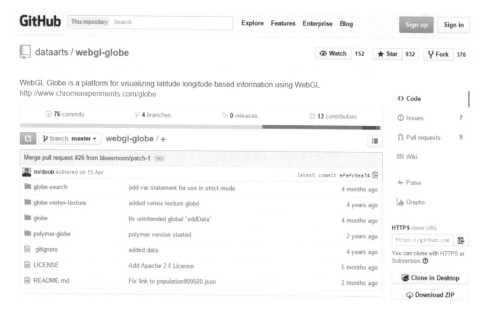

圖5-13.2.2　範例的程式代碼可供人下載

Basic Usage

The following code polls a `JSON` file (formatted like the one above) for geo-data and adds it to an animated, interactive WebGL globe.

```javascript
// Where to put the globe?
var container = document.getElementById( 'container' );

// Make the globe
var globe = new DAT.Globe( container );

// We're going to ask a file for the JSON data.
var xhr = new XMLHttpRequest();

// Where do we get the data?
xhr.open( 'GET', 'myjson.json', true );

// What do we do when we have it?
xhr.onreadystatechange = function() {

    // If we've received the data
    if ( xhr.readyState === 4 && xhr.status === 200 ) {

        // Parse the JSON
        var data = JSON.parse( xhr.responseText );

        // Tell the globe about your JSON data
        for ( var i = 0; i < data.length; i ++ ) {
            globe.addData( data[i][1], 'magnitude', data[i][0] );
        }
```

圖5-13.2.3　簡單的程式代碼說明

圖5-13.2.4　一個星期內世界各國的股價趨勢

　　由圖5-13.2.4得知，作者將股價結合WebGL Globe呈現出股市的變動趨勢，由圖形表示出來，讓我們得知各國的經濟發展情況，由圖表使人們更能看出不同地區的經濟差異。

 5-14　Datawrapper

5-14.1　網站介紹

圖5-14.1.1　網站介面

　　此網站採會員制，需先註冊為會員即可使用網站上的功能，分為免費和收費兩個版本供個人及公司用戶選擇，並開放源代碼軟體供用戶選擇所需的功能和修改。此網站的優點為簡單、快速的製作圖表，簡化了產生表格的製作程序，簡單方便的特色，使新聞工作者成為此網站的主要客戶群。

5-14.2　案例應用

圖5-14.2.1　可上傳csv檔的資料

圖5-14.2.2　檢查上傳的資料及變數名稱是否正確

　　下圖的結果是使用網站上提供的歐洲青年的失業率，發現歐洲各國在2010年的失業率大部分都是上升的，以西班牙及希臘失業率上升幅度最為明顯。

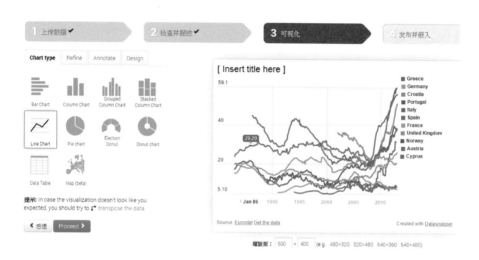

圖5-14.2.3　檢查上傳的資料及變數名稱是否正確

5-15　OECD Better Life Index

5-15.1　網站介紹

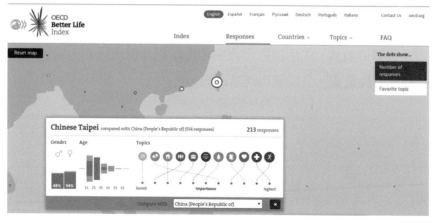

圖5-15.1.1　網站介面

　　此為動態訊息的互動式地圖網站，利用世界各國的網站訪客自願提供有關生活指數的資料所建立而成的資料庫，目前此網站的資料庫已經有超過8萬名的用戶資料。

5-15.2　案例應用

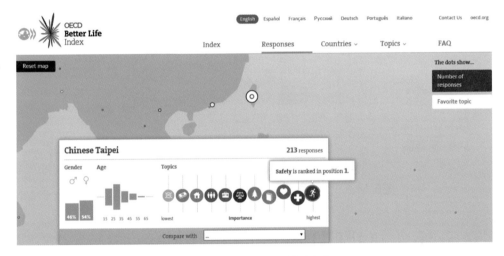

圖5-15.2.1　以台灣為例子

　　從動態的地圖上選擇台灣，圖下方會出現在這個網站上來自台灣的遊客所提供的有關生活指數的訊息資料，共553筆，這些遊客以25～34歲的人居多，占了整體的41%，生活指數方面主題由低到高依序排列，以台灣為例，民眾覺得安全性最高，公民參與則是最低。

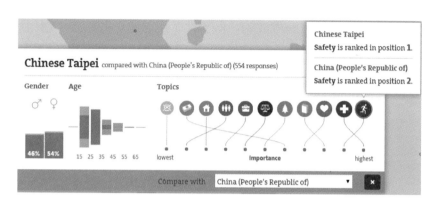

圖5-15.2.2 台灣與中國大陸在生活指數上的差異

　　生活指數方面，台灣最高的是安全性，中國大陸則是健康最高；生活指數最低的部分，台灣與中國同樣都是公民參與。

5-16 sigmajs

5-16.1 網站介紹

圖5-16.1.1 網站介面

　　sigmajs是使用JavaScript做成的一個套件，用於圖形的繪製，讓用戶更容易發布到網頁上去使用。

5-16.2　案例應用

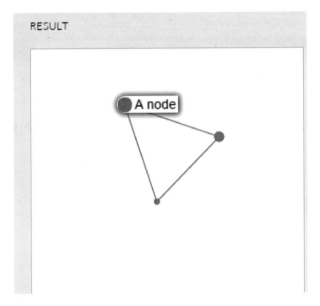

圖5-16.2.1　以sigma js套件做成的簡單範例

　　Data（資料部分的程式碼）：

```
{
 "nodes": [
  {
   "id": "n0",
   "label": "A node",
   "x": 0,
```

```json
      "y": 0,
      "size": 3
    },
    {
      "id": "n1",
      "label": "Another node",
      "x": 3,
      "y": 1,
      "size": 2
    },
    {
      "id": "n2",
      "label": "And a last one",
      "x": 1,
      "y": 3,
      "size": 1
    }
  ],
  "edges": [
    {
      "id": "e0",
      "source": "n0",
      "target": "n1"
    },
    {
```

```
    "id": "e1",
    "source": "n1",
    "target": "n2"
  },
  {
    "id": "e2",
    "source": "n2",
    "target": "n0"
  }
 ]
}
```

HTML（將資料輸出到網頁上的程式碼）：

```html
<html>
<head>
<style type="text/css">
 #container {
   max-width: 400px;
   height: 400px;
   margin: auto;
 }
</style>
</head>
<body>
```

```
<div id="container"></div>
<script src="sigma.min.js"></script>
<script src="sigma.parsers.json.min.js"></script>
<script>
  sigma.parsers.json('data.json', {
    container: 'container',
    settings: {
      defaultNodeColor: '#ec5148'
    }
  });
</script>
</body>
</html>
```

5-17　NORSE

5-17.1　網站介紹

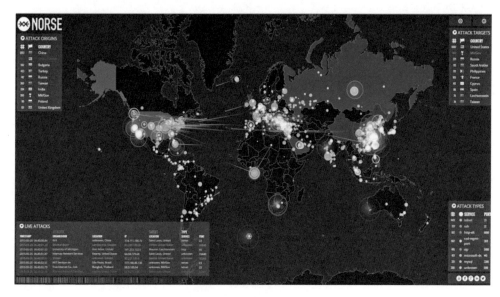

圖5-17.1.1　網站介面

　　此網站為網路駭客即時更新的攻擊圖,如圖5-17.1.1所示,右上顯示遭受攻擊的地區,以及左上發起攻擊的地區,右下還有顯示發起攻擊的網路平台媒介,左下顯示即時攻擊動態。

5-17.2　案例應用

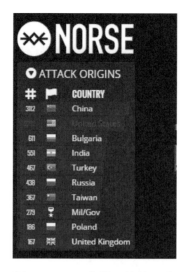

圖5-17.2.1　攻擊源始地區圖

　　顯示發起網路攻擊的區域，排名可以看到發起最多攻擊的地區是中國大陸、美國⋯⋯等等，每秒的數字與排名都在變動，網站會即時更新。

圖5-17.2.2　遭受攻擊地區圖

上圖顯示受到網路攻擊的區域，由排名可以看到發起最多攻擊的地區是美國、Mil/Gov……等等，每秒的數字與排名都在變動，網站會即時更新。

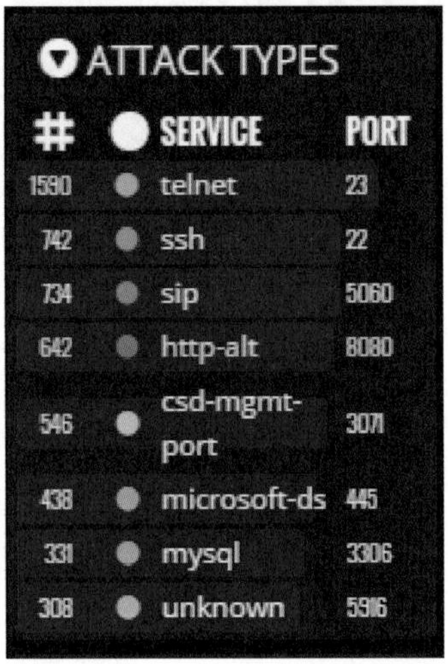
ATTACK TYPES

#	SERVICE	PORT
1590	telnet	23
742	ssh	22
734	sip	5060
642	http-alt	8080
546	csd-mgmt-port	3071
438	microsoft-ds	445
331	mysql	3306
308	unknown	5916

圖5-17.2.3　攻擊媒介平台圖

上圖顯示發起網路攻擊透過的網路媒介伺服，排名可以看到發起最多攻擊的網路平台是telnet、ssh……等等，每秒的數字與排名都在變動，網站會即時更新。

 5-18　Paper.js

5-18.1　網站介紹

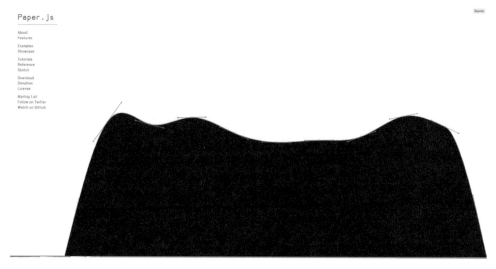

圖5-18.1.1　網站介面

　　Paper.js是對HTML5的畫布之上運行一個開源的向量圖形腳本框架。它提供了一個乾淨的場景圖／文檔對象模型和大量的強大功能來創建和使用向量圖形和Bezier曲線，都完整的包裹在一個精心設計且一致乾淨的編程工作。

5-18.2　案例應用

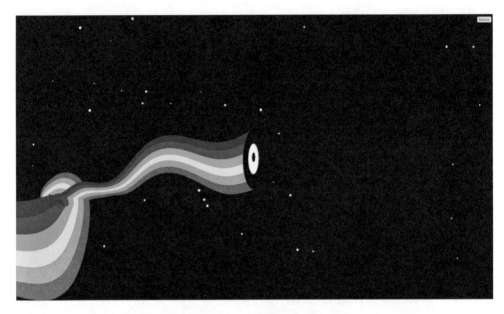

圖5-18.2.1　範例作品

此範例作品是可以根據滑鼠軌跡的移動而變成圖形，根據滑鼠移動的快慢與方向，圖形都會隨時的改變。

此網站主要是利用程式語法去繪圖，Paper.js簡單易學，適合初學者和中級和高級用戶去掌握應用。

5-19 How the Recession Reshaped the Economy, in 255 Charts

5-19.1　網站介紹

圖5-19.1.1　網站介面

　　此網站利用圖形視覺化來描述經濟5年以來的大衰退結束，經濟復甦後增加了900萬個就業機會。但是，並非所有的行業一樣恢復。下面每一圖形顯示了就業人數在過去10年之任一行業的改變。向下滾動，看看如何重塑經濟衰退的國家的就業市場，行業情況有依行業別分類。

5-19.2 案例應用

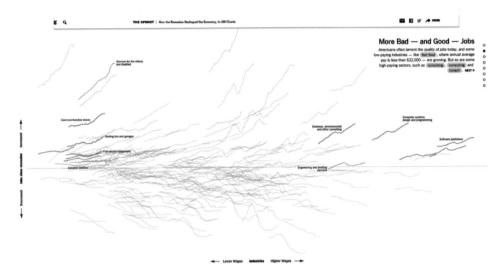

圖5-19.2.1 網站的圖形展示

上圖顯示美國人常常感嘆工作質量的今天，一些低工資行業—就像速食業，這裡年平均工資低於22,000美元—正在成長。而且還有一些高薪行業，如諮詢、電腦業和生物科技業。

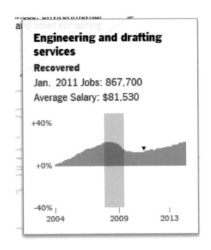

圖5-19.2.2 網站的圖形圖表展示

　　圖5-19.2.2表可以經由點選圖形的圖來閱覽，此圖顯示2004年至2013年的
工程製圖行業的發展。

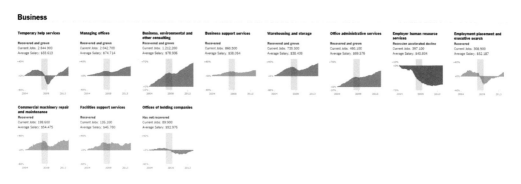

圖5-19.2.3　網站的圖形圖表展示

　　上圖每一小圖下方可以顯示每一行業與年份的圖表資料，可以看出平均
薪資，與是否有所成長的**趨勢**。

 5-20　NeoMam Studios

5-20.1　網站介紹

圖5-20.1.1　網站主頁

　　此網站機構主要是提供卓越的視覺內容和訊息圖表設計，替客戶採取行動設計。利用我們的數字公關和宣傳效果提升我們的全球客戶的品牌意識，增加其競爭優勢。

圖5-20.1.2　網站之主頁

　　網站主要服務的客戶群有數位媒體業、網頁發展、線上娛樂……等等。

5-20.2　案例應用

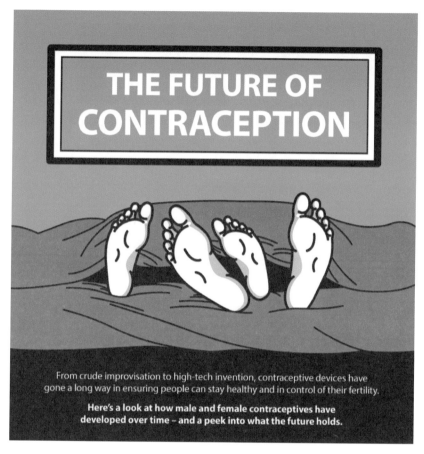

圖5-20.2.1　案例介紹：未來的避孕方式

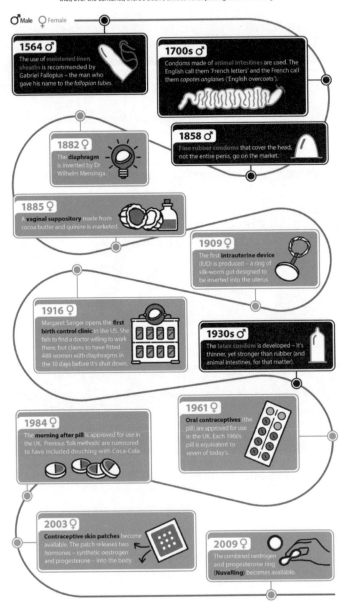

圖5-20.2.2 案例介紹：歷年避孕方式

　　圖5-20.2.2以避孕為主題，以年代與性別分別列出各種的避孕方式，從圖可以看出從1861年發明女性的避孕藥丸……等等。

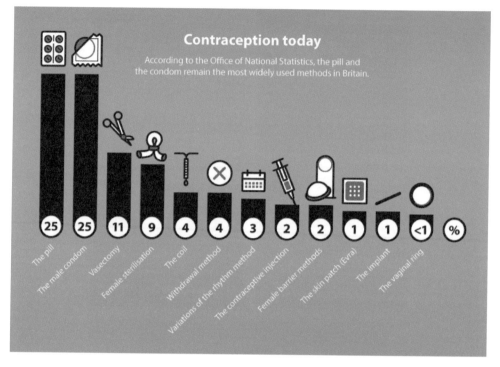

圖5-20.2.3　案例介紹：現代避孕方式

　　上圖顯示現代避孕的方式，以及各項方式的普及率，可以看到目前最高的還是以避孕藥丸以及男性保險套為主。

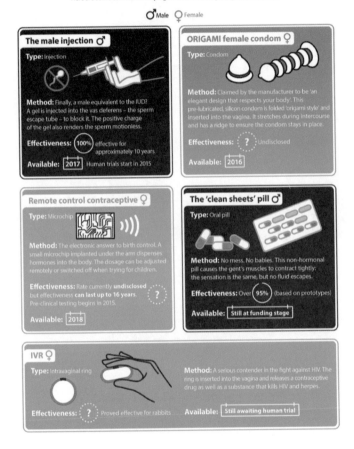

圖5-20.2.4　案例介紹：未來的避孕方式

　　上圖是要表示未來可能的避孕方式，像是針對男性注射藥劑，讓精子無法存活，未來也有針對女性的保險套方式……等等。

　　此網站主要是負責幫客戶利用圖表與動畫做宣傳與廣告，詳細的情形可以閱覽網站。

5-21 City Show down

5-21.1 網站介紹

圖5-21.1.1 網站介面

　　這個網站蒐集了全美國各個州別的詳細資料，包含文化、交通醫療、旅遊資訊、還有每個州的快樂要素（happy factor），下拉後可以有一系列的設定，搭配一系列的視覺化介面，顯示出一系列的州別資訊，如整個州有多少間博物館、醫院……等等統計資訊。

5-21.2　案例應用

step
1

First, tell us what matters
the most to you about a city

圖5-21.2.1　第一步：文化、交通、旅遊、快樂要素四選一

在第一步中，我們先選定文化選項。

step
2

Now, pick two cities to
compare

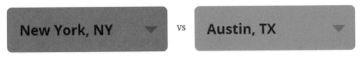

圖5-21.2.2　選擇兩個洲，相互比較

Wineries

90　　15

Sports teams

Pro Sports
Teams **10**　**0**　Pro Sports
Teams

圖5-21.2.3　運動賽事比較

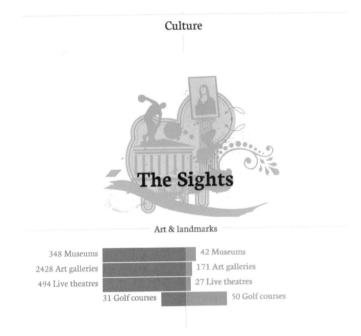

圖5-21.2.4　觀光景點比較圖

　　這個網站是把非常簡單的城市統計資料，加入非常多的互動，提高使用者的吸睛度，這是視覺化的主要目標之一。

5-22　The Data Visualisation Catalogue

5-22.1　網站介紹

圖5-22.1.1　網站介面

　　這個網站是收費網站，每個程序開發員都可以把自己設計的視覺化圖形發布到這個網站，以要付費的方式共享。這裡面有很多與眾不同的統計表。

這些統計表可以更佳地表達出資料的分布狀況，而且也可以更好地吸引聽眾的目光。

5-22.2　案例應用

Flow Map

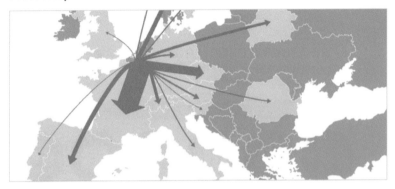

Description

Flow Maps geographically show the movement of information or objects from one location to another and their amount. Typically Flow Maps are used to show the migration data of people, animals and products. The magnitude or amount of migration in a single flow line is represented by its thickness. This helps to show how migration is distributed geographically.

Flow Maps are drawn from a point of origin and branch out their "flow lines". Arrows can be used to show direction, or if movement is incoming or outgoing. Without arrows can be used to represent trade going back-and-forth. Merging/bundling flow lines together and avoiding crossovers can help to reduce visual clutter on the map.

Anatomy

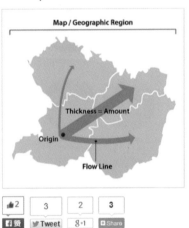

Functions

Distribution　Location　Movement & Flow

👍2　3　2　3
f 赞　Tweet　8+1　Share

圖5-22.2.1　Flow Map 統計圖

Flow Map統計圖可以顯示特定一個物件的轉移狀況，比方說每日的交通人數統計。箭頭越粗，代表數量越多。

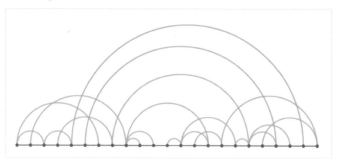

Arc Diagram

Description

Arc Diagrams are an alternate way of representing two-dimensional charts. Nodes are places along a line/one-dimensional axis and arcs are used to show connections between nodes. The thickness of the arc lines can be used to represent frequency from the source to the target node. Arc Diagrams can be useful in finding the co-occurrence within data.

The downside to Arc Diagrams, is they don't show structure and connections between nodes as well as a 2D charts and too many links can make the diagram hard to read due to clutter.

- - -

Related academic paper: Arc Diagrams: Visualizing Structure in Strings, Martin Wattenberg

Anatomy

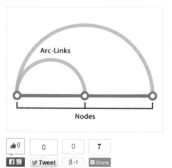

Functions

Patterns　Relationships

圖5-22.2.2　Arc Diagram 圖表

　　Arc圖形用於表現各組資料的連結關係，有著綠色弧線所連結，則代表這兩個物件有關聯，而這是一種把一維圖形擴增的一種統計圖形。這個圖形還是保有一維的特性。

Timeline

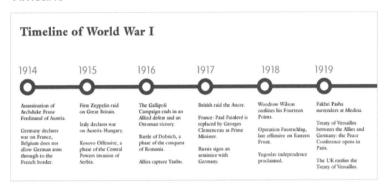

Timeline of World War I

Description

A timeline is a graphical way of displaying a list of events in chronological order. Some timelines work on a scale, while others simply display events in sequence.

The main function of timelines is to communicate time-related information, over time, either for analysis or to visually present a story or view of history.

If scale-based, a timeline allows you to see when things occur or are to occur, by allowing the viewer to assess the time intervals between events. This could potentially provide the viewer with an observation whether there are any patterns over any time periods and how events are distributed over time.

Sometimes a graph is combined with the timeline to show how quantitative data changes over time.

Anatomy

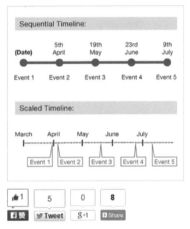

Functions

Data over time

圖5-22.2.3　Timeline Diagram 圖表

　　時間軸圖形對於顯示有時間因果關係的資料具有奇效，舉例來說：經銷商每個月統計出最多人購買的商品，則可以訂為每月商品，再把它擺於時間軸上，我們就可以清楚了解到消費者隨著時間移轉，消費偏好有何改變。

5-23 Visualising Data

5-23.1　網站介紹

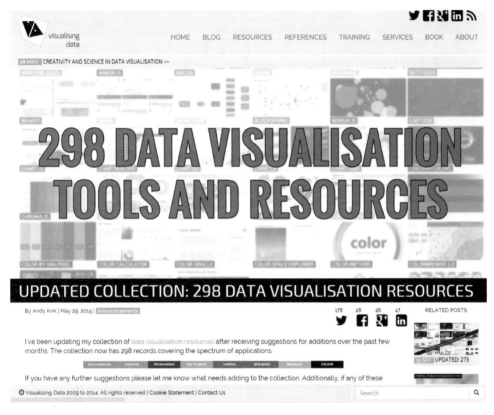

圖5-23.1.1　網站介面

　　這個網站是部落格形式的網站，站長會不停地蒐集新的視覺化圖形與相關的網站，而目前已經蒐集到了298個了。這其中包含其他視覺化網站的連結，EXCEL的套件，又或者就純粹的統計圖表。這網站不直接提供解決方案，而是一個大型的外部連結資料庫。

5-23.2　案例應用

圖5-23.2.1　非常豐富的視覺化網站表列

選定其中一個DATAGRAPH連結，這個網站也是要收費的。

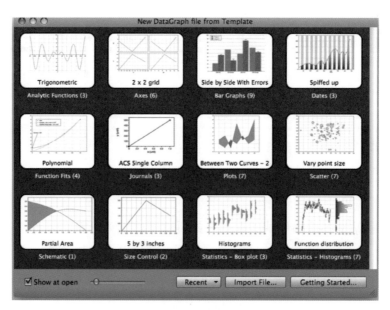

圖5-23.2.2　非常豐富的視覺化網站表列

從上圖中，先選定一個想畫製的圖表。

Below are a few of the templates that are included.

The first one is an example of the "Bars" command, which is the fifth icon from the left in th bar. One of the movie pages shows how to use that command. Note that you can set the er each bar independently, and use different values for the positive and negative error.

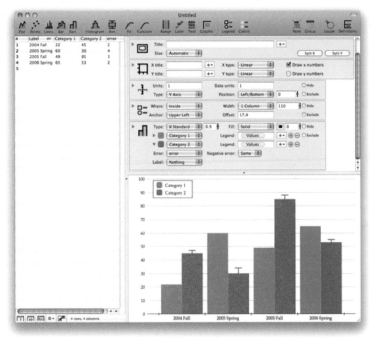

圖5-23.2.3　圖形化設計

　　搭配他們所開發的程式，就可以畫出如上的圖形。這些圖形的繪製所需要的設定檔，網站都會提供下載。

## 第 6 章

R與JavaScript
結合構建分類模型案例

前面提到JavaScript有很好的動態視覺化展示，而R自身提供了全面高效的數據分析算法，但圖形輸出大多爲靜態圖形，Shiny儘管提供了動態展示方案，但進行深度定製較爲困難。本例利用R作爲數據分析框架，輸出結果到JavaScript進行動態視覺化，實現一個數據分析二分類模型。

6-1　環境配置

● R透過R serve連接Java。

● 透過一個R Controller.java程式傳遞命令到R以及將R返回之結果輸出至Tomcat服務器中。

● 使用OpenSource的AdminLTE爲主題進行設計。

● 視覺化藉助D3js以及Highchart等OpenSource圖形庫進行二次開發的實現。

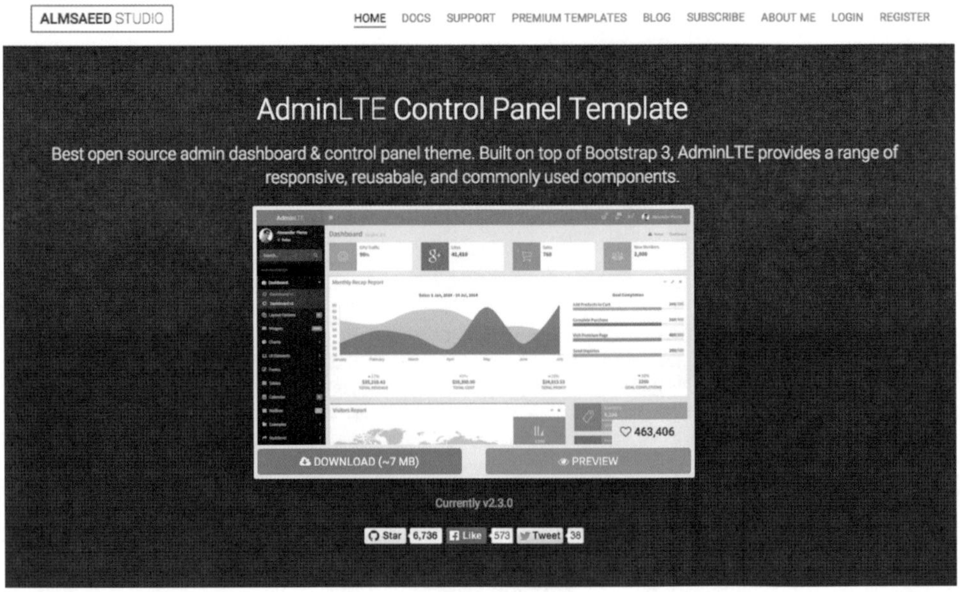

圖6-1.1

6-2 案例應用

6-2.1 導入數據

在導入數據頁面下，點選Demo Data（Weather）之後，伺服器會發送指令R中讀取對應的案例數據。導入結果及後台傳遞代碼示例如下圖：

Data Import 选择数据来源并进行导入

| | Database (Oracle) | CSV File | Excel File | Demo Data (Credit Risk) | Demo Data (Weather) |

No.	Variable Name	Variable Details	Data Type
1	Date	日期	Factor
2	Location	地区	Factor
3	MinTemp	最低气温	Numeric
4	MaxTemp	最高气温	Numeric
5	Rainfall	降雨量	Numeric
6	Evaporation	蒸发量	Numeric
7	Sunshine	阳光	Numeric
8	WindGustDir	风向	Factor
9	WindGustSpeed	风速	Numeric
10	WindDir9am	上午9点的风向	Factor
11	WindDir3pm	下午3点的风向	Factor
12	WindSpeed9am	上午9点的风速	Numeric
13	WindSpeed3pm	下午3点的风速	Numeric

圖6-2.1.1

```
Connection R://localhost:6311 succeed.
[eval] require(Hmisc, quietly=TRUE)
[eval] require(RJSONIO, quietly=TRUE)
[eval] if (!exists("dots")) {dots <- as.list(NULL)}
[eval] boxp <- function(x){  tmp.dat <- dots$dataset[,c(x,dots$target)];  y.level <-levels(dots$dataset[,dots$target]);  summ.dat <- list();  summ.dat[[1]] <- boxplot(tmp.dat[,x],plot = FA
[eval] histp <- function(x,bin){  tmp.dat <- dots$dataset[,c(x,dots$target)];  y.level <-levels(dots$dataset[,dots$target]);  bks <- seq(range(na.omit(tmp.dat[,x]))[1],range(na.omit(tmp.da
[eval] barp <- function(x){  tmp.dat <- dots$dataset[,c(x,dots$target)];  resu <- cbind(table(tmp.dat[,1]));  colnames(resu)[ncol(resu)] <- 'All';  resu;}
[eval] pcme <- function(actual, cl){  x <- table(actual, cl);  tbl <- cbind(round(x/length(actual), 2),          Error=round(c(x[1,2]/sum(x[1,]),          x[2,1]/sum
[eval] print_rpart <- function(x){  frame <- x$frame;  ylevel <- attr(x, "ylevels");  node <- as.numeric(row.names(frame));  depth <- tree.depth(node);  node0 <- paste0(format(node);  tfu
[eval] tree.depth <- function (nodes){  depth <- floor(log(nodes, base = 2) + 1e-7);  depth - min(depth);}}
[eval] dots$seed <- 12345
[eval] dots$istaged <- '0'
[eval] dots$input <- NULL
[eval] dots$target <- NULL
[eval] dots$ignore <- NULL
[eval] source_data <- NULL
[eval] source_data <- read.csv(system.file("csv", "weather.csv", package="rattle", encoding="UTF-8")
[eval] source_dat <- source_data
[eval] source_dat[1,]
```

圖6-2.1.2

6-2.2　數據設置

結束導入後，進入數據設置，本例以二分類介紹，因此目標變量預測明天是否下雨，且變數類型為Factor。之後可以將數據集分為70%訓練集和30%測試集。

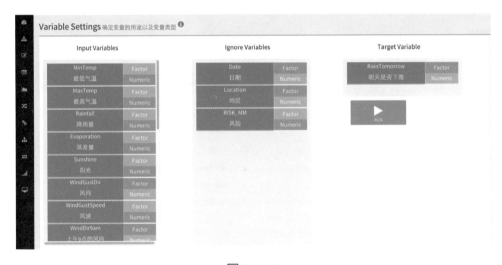

圖6-2.2.1

圖6-2.2.2

6-2.3　數據視覺化預覽

對設置好的數據進行展示，不僅可以展示原始數據表格，且同時展示了數據概略分布。便於快速檢視數據情況。

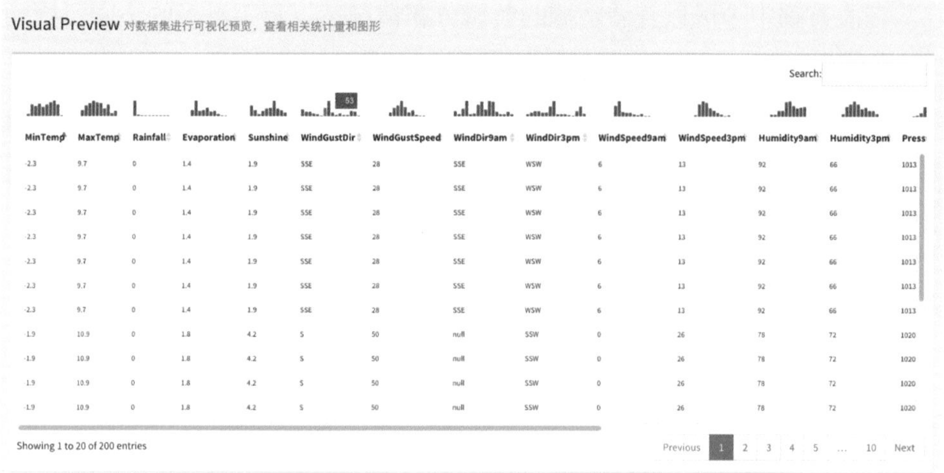

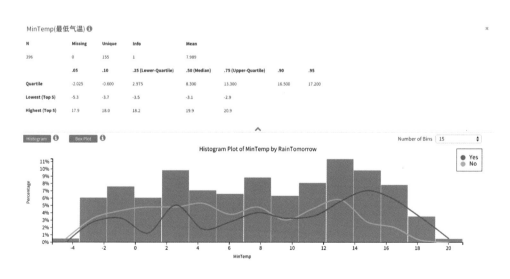

圖6-2.3.1

6-2.4 直方圖

點擊每個變數可以查看變數的數值分配情況以及對應的分布圖。對於連續型數據，可以展示分布直方圖和箱線圖。

圖6-2.4.1

　　在直方圖中，可以查看數據的整體分布情況，以及平滑後的不同目標類別下的數據分布情況，透過滑鼠移動可以查看每一個柱形的數據分布情況。右上角可以切換直方圖顯示的分塊數，點擊下面則可以選擇是否顯示某一目標類別下的分布情況。

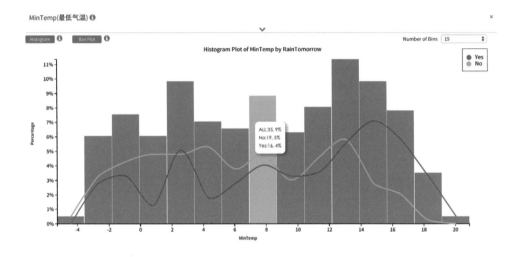

圖6-2.4.2

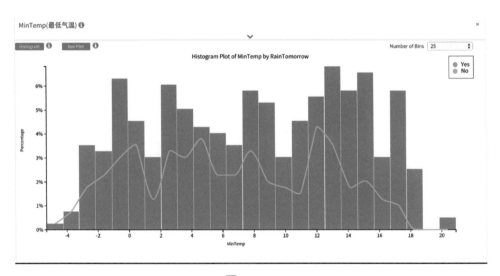

圖6-2.4.3

6-2.5　箱線圖

　　連續型數據的第二個展示圖形爲箱線圖，分別展示總體數據以及不同目標類別下的數據分布情況，右上角可以切換是否顯示例外數據，滑鼠拖動至某個箱線圖上亦可顯示其具體數值。

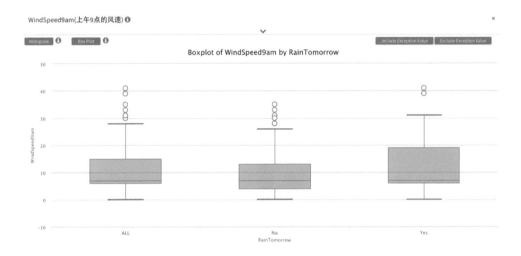

圖6-2.5.1

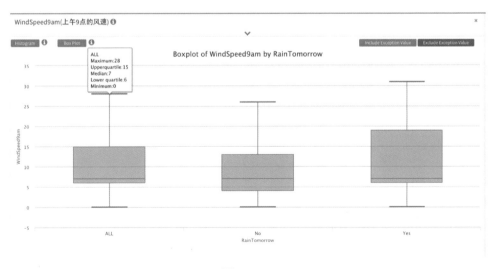

圖6-2.5.2

6-2.6 柱形圖

對於分類數據可以展示其分布柱形圖以及馬賽克圖，在下面的柱形圖中，可以透過最下方的圖例，選擇是否顯示對應數據。

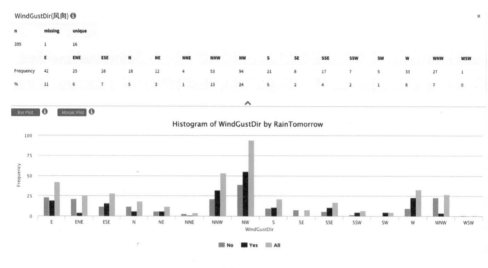

圖6-2.6.1

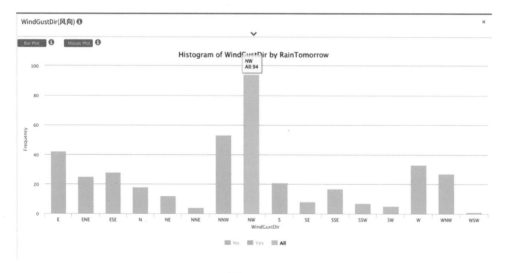

圖6-2.6.2

6-2.7 馬賽克圖

分類數據還可以展示馬賽克圖，相對於靜態圖，這裡可以透過滑鼠移到對應色塊上顯示該色塊的數據計數以及分布比例。

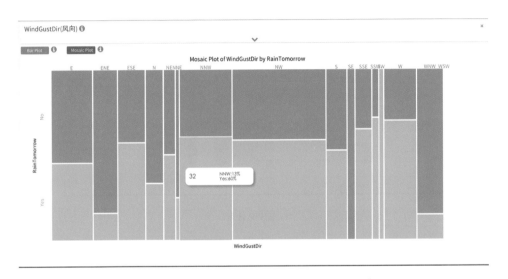

圖6-2.7.1

6-2.8 相關係數圖

在一般情況下，對於連續變數的相關性，我們採用散點圖矩陣或者相關係數矩陣來表示，但當數據量過大以及變數較多的情況下，這兩種方法都不能很快發現變數的相關情況。因此這裡採用對相關係數，使用不同顏色和不同不透明度來展示，並提供了四種排序方法進行展示。此外，滑鼠操作不僅可以顯示每個色塊的對應變數之相關係數，亦可以放大和縮小整個相關係數圖。

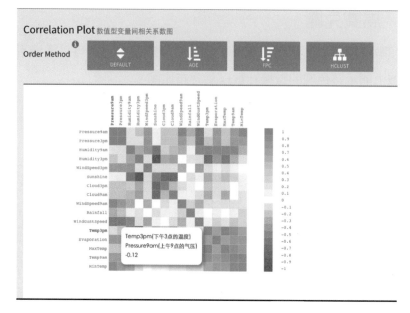

圖6-2.8.1

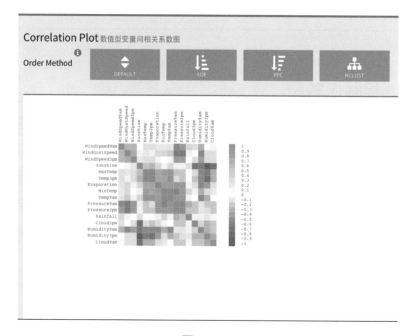

圖6-2.8.2

6-2.9　決策樹模型

對於決策樹模型，可以直接展示模型構建的樹形情況，且支持縮放以及收縮樹枝等動態操作。

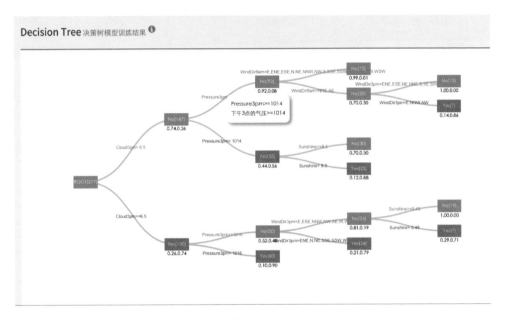

圖6-2.9.1

6-2.10　ROC曲線及AUC

在ROC曲線中，滑鼠在曲線上的移動可以直接顯示對應數據，而不像過去之需要返回查詢數據表格。同時右側顯示模型AUC，最佳閾值等訊息，並對優秀結果進行高亮。

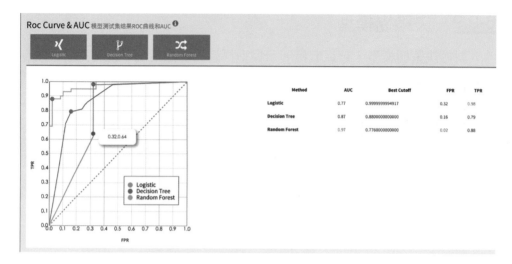

圖6-2.10.1

參考文獻

[1] HTTP://WWW.METRO.TAIPEI/CT.ASP?XITEM=78479152&CTNODE=70089&MP=122035

[2] HTTP://WIKI.MBALIB.COM/ZHTW/%E4%BF%A1%E6%81%AF%E5%8F%AF%E8%A7%86%E5%8C%96

[3] HTTP://INFOGRAPHICS.TW/

[4] HTTPS://EN.WIKIPEDIA.ORG/WIKI/VISUALIZATION

[5] HTTPS://ZH.WIKIPEDIA.ORG/WIKI/%E5%A4%A7%E6%95%B8%E6%93%9A

[6] HTTPS://ZH.WIKIPEDIA.ORG/WIKI/%E6%95%B0%E6%8D%AE%E5%8F%AF%E8%A7%86%E5%8C%96

[7] HTTPS://WWW.YOUTUBE.COM/WATCH?V=5ZG-C8AAIGG

[8] HTTP://WWW.OPENFOUNDRY.ORG/TW/ABOUT-OPEN-SOURCE/OPEN-SOURCE-SOFTWARE

[9] HTTP://OPENSOURCE.ORG/DOCS/DEFINITION.PHP%20

[10] HTTP://WWW.HCHARTS.CN/INDEX.PHP

[11] HTTP://WWW.HCHARTS.CN/DOCS/INDEX.PHP?DOC=START-HELLOWORLD

[12] HTTP://TRENDS.BAIDU.COM/OPEN/

[13] HTTP://TRENDS.BAIDU.COM

[14] HTTPS://CRAN.R-PROJECT.ORG/WEB/PACKAGES/VCD/VIGNETTES/STRUCPLOT.PDF

[15] HTTP://WWW.STATMETHODS.NET/ADVGRAPHS/MOSAIC.HTML

[16] HTTP://WWW.DIGITALWALL.COM/SCRIPTS/DISPLAYPR.ASP?UID=33892

[17] HTTPS://CRAN.R-PROJECT.ORG/WEB/PACKAGES/GOOGLEVIS/ VIGNETTES/GOOGLEVIS.PDF

[18] HTTPS://CRAN.R-PROJECT.ORG/WEB/PACKAGES/GOOGLEVIS/ VIGNETTES/GOOGLEVIS_EXAMPLES.HTML

[19] HTTP://SHINY.RSTUDIO.COM/GALLERY/GOOGLE-CHARTS.HTML

[20] HTTPS://ZH.WIKIPEDIA.ORG/WIKI/%E6%95%B0%E6%8D%AE%E5%8 F%AF%E8%A7%86%E5%8C%96

[21] HTTP://RWEPA.BLOGSPOT.TW/2013/09/DATA-VISUALIZATION-R-GOOGLE.HTML

[22] HTTP://WWW.LINZREPORT.COM/MICROSTRATEGY/HELP/ WEBUSER/WEBHELP/LANG_1028/HEAT_MAP_WIDGET.HTM

[23] HTTP://XCCDS1977.BLOGSPOT.TW/2012/07/BLOG-POST_26.HTML

[24] HTTP://WWW.CNBLOGS.COM/WENTINGTU/ ARCHIVE/2012/03/15/2399458.HTML

[25] HTTP://BABELMAN-BLOG.LOGDOWN.COM/POSTS/173121-USE-R-TO-DRAW-TAIWAN-MAPS-3

[26] HTTP://BABELMAN-BLOG.LOGDOWN.COM/POSTS/171797-USE-R-TO-DRAW-TAIWAN-MAPS-2

[27] HTTP://XCCDS1977.BLOGSPOT.TW/2012/06/IGRAPH.HTML

[28] 《數據科學中的R語言》，李艦、肖凱著。

國家圖書館出版品預行編目資料

大數據視覺化篇 / 謝邦昌 編著. -- 初版.
-- 臺北市：五南, 2016.04
　　面；　公分
ISBN 978-957-11-8518-7(平裝)

1.資料探勘 2.商業資料處理

312.74　　　　　　　　　　105001689

1HA2

大數據視覺化篇

作　　　者 ─ 謝邦昌

發 行 人 ─ 楊榮川

總 編 輯 ─ 王翠華

主　　　編 ─ 侯家嵐

責任編輯 ─ 侯家嵐

文字校對 ─ 許宸瑞

封面設計 ─ 陳翰陞

出 版 者 ─ 五南圖書出版股份有限公司

地　　　址：106台北市大安區和平東路二段339號4樓

電　　　話：(02)2705-5066　　傳　　　真：(02)2706-6100

網　　　址：http://www.wunan.com.tw

電子郵件：wunan@wunan.com.tw

劃撥帳號：01068953

戶　　　名：五南圖書出版股份有限公司

法律顧問　林勝安律師事務所　林勝安律師

出版日期　2016年4月初版一刷
　　　　　2017年3月初版二刷

定　　　價　新臺幣380元